高等院校计算机类专业系列教材

Linux 网络操作系统应用教程

(Red Hat Enterprise Linux 7)

亓　婧　范国娟　主编

李英奎　王　玮　王淑娇　副主编

中国轻工业出版社

图书在版编目（CIP）数据

Linux 网络操作系统应用教程：Red Hat Enterprise Linux 7/亓婧，范国娟主编．—北京：中国轻工业出版社，2020.8
高等院校计算机类专业系列教材
ISBN 978-7-5184-2988-2

Ⅰ.①L… Ⅱ.①亓… ②范… Ⅲ.①Linux 操作系统 Ⅳ.①TP316.85

中国版本图书馆 CIP 数据核字（2020）第 073936 号

策划编辑：张文佳
责任编辑：崔丽娜　　责任终审：李建华　　封面设计：锋尚设计
版式设计：砚祥志远　　责任校对：晋　洁　　责任监印：张　可

出版发行：中国轻工业出版社（北京东长安街 6 号，邮编：100740）
印　　刷：河北鑫兆源印刷有限公司
经　　销：各地新华书店
版　　次：2020 年 8 月第 1 版第 1 次印刷
开　　本：787×1092　1/16　印张：10.75
字　　数：260 千字
书　　号：ISBN 978-7-5184-2988-2　定价：39.80 元
邮购电话：010-65241695
发行电话：010-85119835　传真：85113293
网　　址：http://www.chlip.com.cn
Email：club@chlip.com.cn
如发现图书残缺请与我社邮购联系调换
191320J2X101ZBW

前言

PREFACE

Linux 是一个自由、免费、源码开放的多用户、多任务的类 Unix 操作系统。Linux 系统的稳定性、安全性与网络功能是许多商业操作系统都无法比拟的。Linux 系统的源代码完全公开，功能相当丰富，可作为服务器操作系统，也可作为办公桌面系统，近年来受到用户的普遍欢迎。Red Hat（红帽）公司是一家开源解决方案供应商，Red Hat Enterprise Linux 是 Red Hat 公司的 Linux 发行版，面向商业市场，包括大型机。Red Hat 公司从 Red Hat Enterprise Linux 5 开始对企业版 Linux 的每个版本提供 10 年的支持。Red Hat Enterprise Linux 7（简称 RHEL 7）是 Red Hat 公司于 2014 年 6 月 11 日发布的，该版本在裸服务器、虚拟机、laaS 和 PaaS 方面都得到加强，更可靠以及更强大的数据中心环境可满足各种商业要求。RHEL 7 为企业提供了一个内聚的、统一的基础设施架构以及最新的服务环境，包括 Linux 容器、大数据以及跨物理系统、虚拟机和云的混合云平台。

本教材以目前被广泛应用的 Red Hat Enterprise Linux 7 为例，采用理论与实践相结合的方式，全面系统地介绍了 Linux 操作系统的应用方法。本教材共有 14 章，内容包括安装 Linux 系统、字符界面操作基础、用户和组管理、磁盘和文件系统管理、逻辑卷管理、软件和服务管理、网络管理、Samba 服务、NFS 服务、FTP 服务、DNS 服务、Web 服务、数据库服务、防火墙配置。本教材配有微课、PPT 课件、课程设计、教案、任务书和在线作业等资源。本教材可作为高职高专院校计算机应用技术专业、计算机网络技术专业、软件技术专业及其他计算机类专业的理论与实践一体化教材，也可作为广大 Linux 网络管理员的技术参考用书，还可供广大 Linux 爱好者自学使用。

本教材是山东省教育教学研究课题“混合学习模式在高职 Linux 课程中的研究和实践（2018JXY3059）”的研究成果。本教材中的内容已应用于教学实践，并根据积累的教学经验进行了适当的调整。由于作者水平和精力所限，书中若有疏漏和谬误，敬请读者不吝指正，不胜感激！

编者

2020 年 4 月

目录

CONTENTS

第1章 安装 Linux 系统

1.1 Linux 系统概述

1.1.1 Linux 系统简介

Linux 是一个自由、免费、源码开放的多用户、多任务的类 Unix 操作系统。Linux 系统的稳定性、安全性与网络功能是许多商业操作系统都无法比拟的。Linux 系统的源代码完全公开，功能相当丰富，可作为服务器操作系统，也可作为办公桌面系统，近年来受到用户的普遍欢迎。

1.1.2 Linux 系统的特点

（1）多用户

多用户是指计算机系统资源可以被不同的用户使用，每个用户对自己的资源有特定的权限，互不影响。

（2）多任务

多任务是指计算机同时执行多道程序，各个程序的运行互相独立，Linux 系统可以有效地调度各个程序，使它们平等地访问 CPU。

（3）设备独立性

设备独立性是指 Linux 操作系统将所有的外部设备（如显卡、内存等）统一视作文件来处理。只要安装了相应的驱动程序，任何用户都可以像使用文件一样使用这些设备，不必知道它们的具体存在形式。

（4）开放性

开放性是指 Linux 系统特别遵循 TCP/IP 网络协议，Linux 主机可以很容易地和其他操作系统互相访问。

（5）良好的用户界面

Linux 系统向用户提供了文本界面和图形界面两种形式。基于文本的命令行界面，即

Shell，方便用户编写程序，为用户扩充系统功能。图形用户界面利用鼠标、菜单、窗口、滚动条，为用户提供了直观、易操作、交互性强的友好界面。

（6）良好的可移植性

可移植性是指操作系统从一个平台转移到另一个平台，仍然能够正常运行。从微型机到巨型机的许多硬件平台上，都能看到 Linux 系统的身影。

（7）可靠的系统安全

Linux 系统采取了多种安全技术措施，包括对读写进行权限控制、带保护的子系统、审计跟踪、核心授权等，为网络多用户环境中的用户提供了必要的安全保障。

（8）完善的网络功能

内置网络功能是 Linux 的一大特点。Linux 通过免费提供大量 Internet 网络软件为用户提供了完善而强大的网络功能。

1.1.3 Linux 系统的组成

Linux 系统一般由 4 个主要部分构成：内核、Shell、文件系统和应用程序。内核、Shell、文件系统一起形成了基本的操作系统结构，使得用户可以运行程序，管理文件并使用系统。

（1）内核

内核是操作系统的核心。Linux 内核的主要模块分为存储管理、CPU 和进程管理、文件系统、设备管理和驱动、网络通信、系统的初始化及系统调用。

（2）Shell

Shell 是系统的用户界面，提供了用户与内核进行交互操作的一种接口。它接收用户输入的命令并把命令送入内核去执行。Shell 是一个命令解释器，它解释由用户输入的命令并且将它们送到内核。Shell 编程语言具有普通编程语言的许多特点，用这种编程语言编写的 Shell 程序与其他应用程序具有同样的效果。

（3）文件系统

文件系统是文件存放在磁盘等存储设备上的组织方法。Linux 系统能支持多种目前流行的文件系统，如 xfs、ext4、ext3、ext2、vfat、iso9660、nfs、smb 等。

（4）应用程序

标准的 Linux 系统都有一套称为应用程序的程序集，包括文本编辑器、编程语言、X Window、办公套件、Internet 工具、数据库等。

1.1.4 Linux 版本介绍

（1）Linux 内核版本

Linux 有两种版本，一种是内核（kernel）版，另一种是发行（distribution）版。内核版是指 Linux 系统内核自身的版本号；发行版是指由不同的公司或组织将 Linux 内核与应用程序、文档组织在一起，构成一个发行套装。

内核版的序号由三部分数字构成，其形式为 major. minor. patchlevel，其中，major 为主版本号，minor 为次版本号，二者共同构成了当前内核版本号。patchlevel 表示对当前版本的修订次数。通常意义上，各部分的数字越大，则表示版本越高。如果次版本号是偶数，则该内核是稳定版；若是奇数，则该内核是开放版。

（2）Linux 发行版本

发行版是为一般使用者预先整合好的 Linux 发行套装，使用者不需要重新编译。在直接安装后，只需要小幅度地更改设定就可以使用，通常以软件包管理系统来进行应用软件的管理。Linux 发行版通常包含了桌面环境、办公套件、媒体播放器、数据库等应用软件。这些操作系统一般由 Linux 内核以及来自 GNU 计划的大量函式库和基于 X Window 的图形界面组成。

Linux 发行版本可分为商业发行版和社区发行版。商业发行版较为知名的有 Fedora（RedHat）、openSUSE（Novel）、Ubuntu（Canonical 公司）和 Mandriva Linux；社区发行版由自由软件社区提供支持，如 Debian 和 Gentoo。

1.1.5　Linux 的应用

Linux 从诞生到现在，已在各个领域得到广泛应用，其优异的性能、良好的稳定性、低廉的价格和开放的源代码，给全球的软件行业带来巨大的影响。

（1）Linux 服务器

Linux 系统内核稳定、支持多种硬件平台，其相关应用软件多为免费甚至是开放源代码，例如 Web 服务器 Apache 以及邮件服务器 Sendmail 都在 Linux 系统安装套件中。Linux 还适用于代理服务器、DNS 服务器、DHCP 服务器、数据库、FTP 服务器、VPN 服务器，以及一些办公系统的文件与打印服务器等。

（2）嵌入式 Linux 系统

嵌入式 Linux 是由内核及一些根据需要进行定制的系统模块组成的一种小型操作系统。由于 Linux 具有对各种设备的广泛支持，它方便地应用于机顶盒、IA 设备、PDA、掌上电脑、WAP 手机、车载盒以及工业控制等智能信息产品中。

（3）云计算

云计算中一个重要的组件就是虚拟化。目前虚拟化比较出名的几款软件，如 VMware、Xen、KVM 都是以 Linux 为核心。Cloudstack、Openstack 这些开源软件所涉及的很多组件都是基于 Linux 的。随着云计算的发展，越来越多的公司或者研发机构，都是在利用一些开源的系统，而 Linux 作为开源鼻祖，其重要性不言而喻。

（4）桌面应用

随着 Linux 操作系统在图形用户接口方面和应用软件方面的发展，Linux 在桌面应用方面得到了显著提高，现在完全可以作为一种集办公应用、多媒体应用、网络应用等多功能为一体的图形界面操作系统。

1.2　Linux 系统安装

Red Hat Enterprise Linux 7.0 是 Red Hat（红帽）公司于 2014 年 6 月 11 日发布的，该版本在裸服务器、虚拟机、IaaS 和 PaaS 方面都得到加强，更可靠以及更强大的数据中心环境可满足各种商业要求。Red Hat Enterprise Linux 7.0 为企业提供了一个内聚的、统一的基础设施架构以及最新的服务环境，包括 Linux 容器、大数据以及跨物理系统、虚拟机和云的混合云平台。本教程以 Red Hat Enterprise Linux 7.0 的安装和应用进行介绍。

1.2.1 安装前的准备

（1）硬件要求

安装 Red Hat Enterprise Linux 7.0 操作系统，至少需要满足以下基本硬件需求：

①处理器（CPU）

所有的 Red Hat Enterprise Linux 产品都支持对称式多处理架构，包含多内核的中央处理器。如果安装 KVM（kernel-based Virtual Machine，虚拟机），64 位系统默认安装，需要 CPU 内核支持虚拟化。

②随机读取内存（RAM）

为了能顺利安装 Red Hat Enterprise Linux 7.0，至少需要 512MB 以上。如果想要安装图形界面，建议至少 1GB 以上内存。

③硬盘（HardDisk）

Linux 支持 SATA、IDE、EIDE、SAS 与 SCSI 等硬盘，允许容量上限为 500TB，安装 Linux 所需空间视安装软件包而定，完全安装需要 9GB 空间，如需安装额外应用，需要额外空间，大小一般为 100~200MB。

（2）安装方式

Linux 系统与 Windows 一样，可以采用多种安装方式，主要支持光盘安装、硬盘安装、网络安装三种方式。

①光盘安装

初学者推荐直接通过光盘进行安装。用户只需设置计算机从光驱引导，把安装光盘放入光驱，重新引导系统，即可进入安装界面。

②硬盘安装

在没有 Linux 安装光盘的情况下，可将网上下载的 Linux 的 ISO 镜像文件复制到硬盘上进行安装。启动镜像文件中的系统安装程序，按提示步骤安装即可。

③网络安装

可以访问存有 Linux 安装文件的远程 FTP、远程 HTTP、远程 NFS 服务器，进行网络安装。

1.2.2 在 VMware 中安装 Red Hat Enterprise Linux 7.0

（1）虚拟机

虚拟机（Virtual Machine）通过软件模拟具有完整硬件系统功能的、运行在一个完全隔离环境中的完整计算机系统。

通过虚拟机软件，可以在一台物理计算机上模拟出另一台或多台虚拟的计算机，这些虚拟机就像真正的计算机那样进行工作，可以安装操作系统、应用程序、访问网络资源等。对于用户而言，它只是运行在用户物理计算机上的一个应用程序；对于在虚拟机中运行的应用程序而言，它是一台真正的计算机。运行虚拟机软件的操作系统被称为宿主操作系统，在虚拟机里运行的操作系统被称为客户操作系统。由于虚拟机是将两台以上的计算机的任务集中在一台计算机上执行，所以对硬件要求比较高，主要是 CPU、硬盘和内存。

虚拟机软件 VMware 可以在一台机器上同时运行两个或更多的 Windows、DOS、Linux 系统。每个操作系统用户都可以进行虚拟的分区、配置，而且不影响真实硬盘的数据，甚至可以通过网卡将几台虚拟机连接为一个局域网。VMware 主要产品分为面向企业的 VMware ESX Server 和 VMware GSX Server，以及面向个人用户的 VMware Workstation。本教程安装 Red Hat Enterprise Linux 7.0 使用 VMware Workstation。

(2) 在 VMware Workstation 11 中安装 Red Hat Enterprise Linux 7.0

①安装 VMware Workstation 11

VMware Workstation 11 在性能方面做了全新的提升与优化，允许专业技术人员在同一个 PC 上同时运行多个基于 x86 的 Windows、Linux 和其他操作系统来开发、测试、演示和部署软件。VMware Workstation 11 的安装过程简单，双击安装文件后，按照提示选择合适的选项进行安装。安装完毕后可看到图 1-1 所示的软件运行界面。

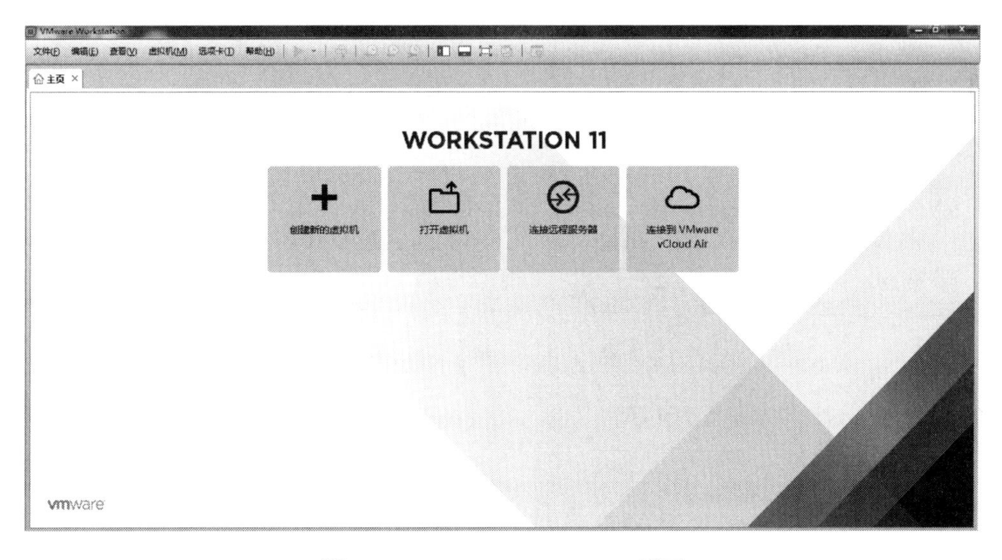

图 1-1　VMware Workstation 11 界面

②安装 Red Hat Enterprise Linux 7.0

启动 VMware Workstation 11，单击“创建新的虚拟机”，在弹出的“欢迎使用新建虚拟机向导”页面中，选择“典型（推荐）”类型进行配置，如图 1-2 所示。在“新建虚拟机向导”页面中，选中“稍后安装操作系统”按钮，如图 1-3 所示。

在“选择客户机操作系统”界面，客户机操作系统选择“Linux”按钮，版本选中“Red Hat Enterprise Linux 7 64 位”，如图 1-4 所示。在“命名虚拟机”界面，虚拟机名称默认为“Red Hat Enterprise Linux 7 64 位”，设置安装位置如图 1-5 所示。

图 1-2　新建虚拟机向导配置界面

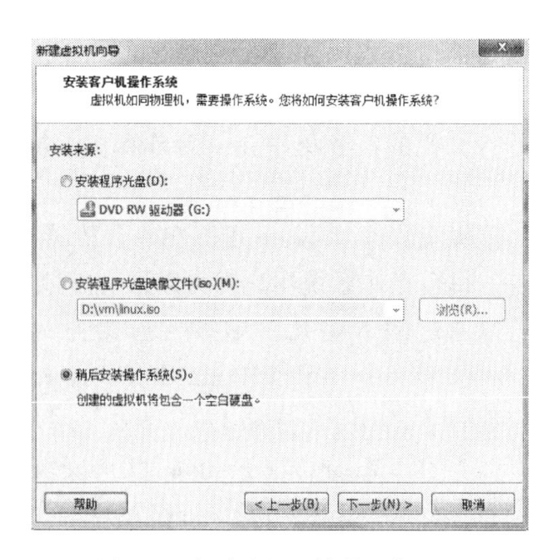

图 1-3　新建虚拟机镜像文件界面

图 1-4　选择客户机操作系统界面

图 1-5　设置虚拟机存放位置

在“指定磁盘容量”界面，设置磁盘空间，如图 1-6 所示。单击“编辑虚拟机设置”，选择“CD/DVD（SATA）”，选中“使用 ISO 映像文件”，调入 Red Hat Enterprise Linux 7 64 位的镜像文件，完成虚拟机的初始设置，如图 1-7 所示。

在虚拟机设置完成后，开启此虚拟机，进入 Red Hat Enterprise Linux 7.0 安装界面，如图 1-8 所示。

开机界面包括以下 3 个选项：

Install Red Hat Enterprise Linux 7.0（安装 RHEL7.0）；

Test this media & install Red Hat Enterprise Linux 7.0（测试介质并安装）；

Troubleshooting（修复故障）。

选择第一项，安装 Red Hat Enterprise Linux 7.0，按回车键，默认进入安装进程。使用鼠标选择想在安装中使用的语言。一般情况下，选择“简体中文（中国）”，单击“继续”后进入安装信息摘要界面，如图 1-9 所示。

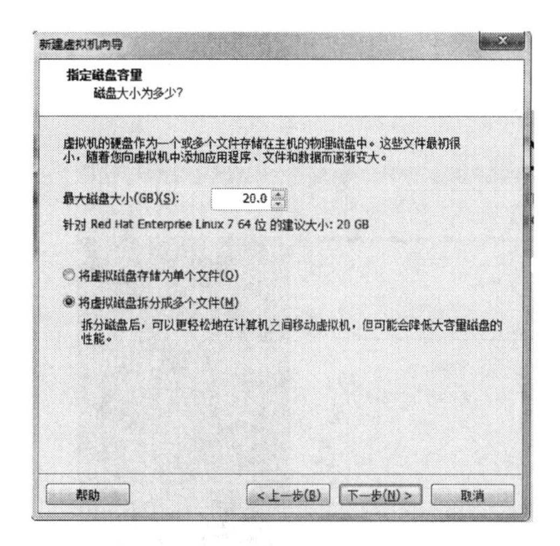

图 1-6　设置磁盘容量界面

图 1-7　虚拟机设置界面

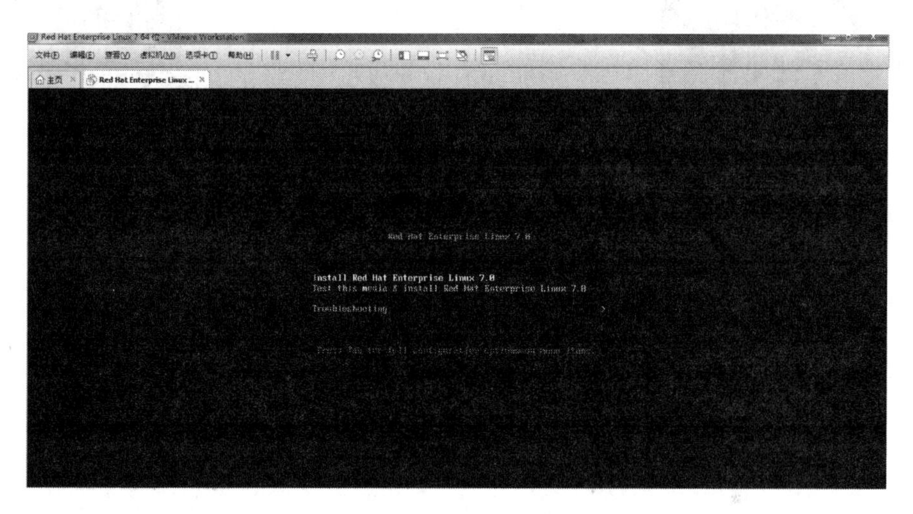

图 1-8　安装模式界面

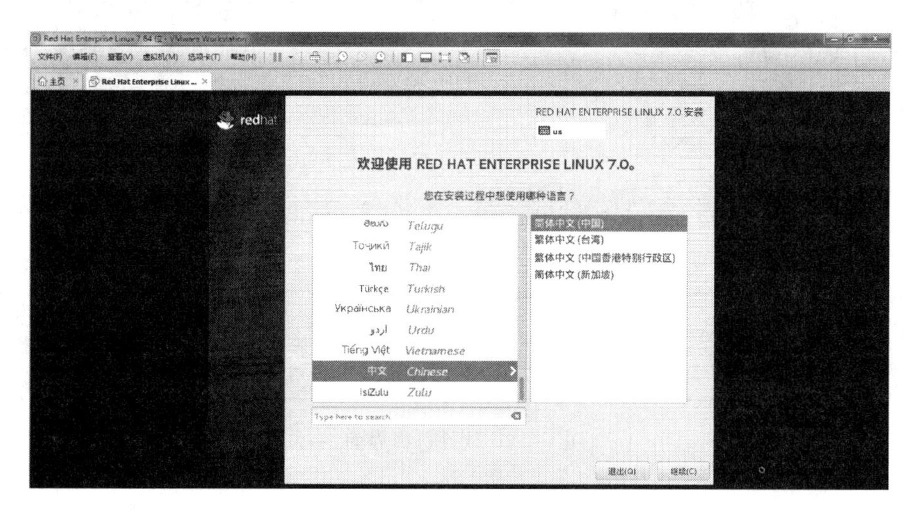

图 1-9　语言选择界面

安装信息摘要界面分三个部分，本地化、软件、系统。选择“日期和时间”“键盘”“语言支持”，设置完成后选择“完成”按钮返回，如图 1-10 所示。

图 1-10　安装摘要信息界面

选择“安装源”，指定安装文件或位置，可以选择本地介质，也可以选择网络安装位置。“安装源”已定位至“本地介质”，安装位置为“已选择自动分区”（建议初学者让安装程序自动分区）。选择“软件选择”，进入软件选择界面。软件包以基本预置环境的方式管理，每个环境中都有附加的软件包可供用户选择，这里选择“带 GUI 的服务器”，如图 1-11 所示。

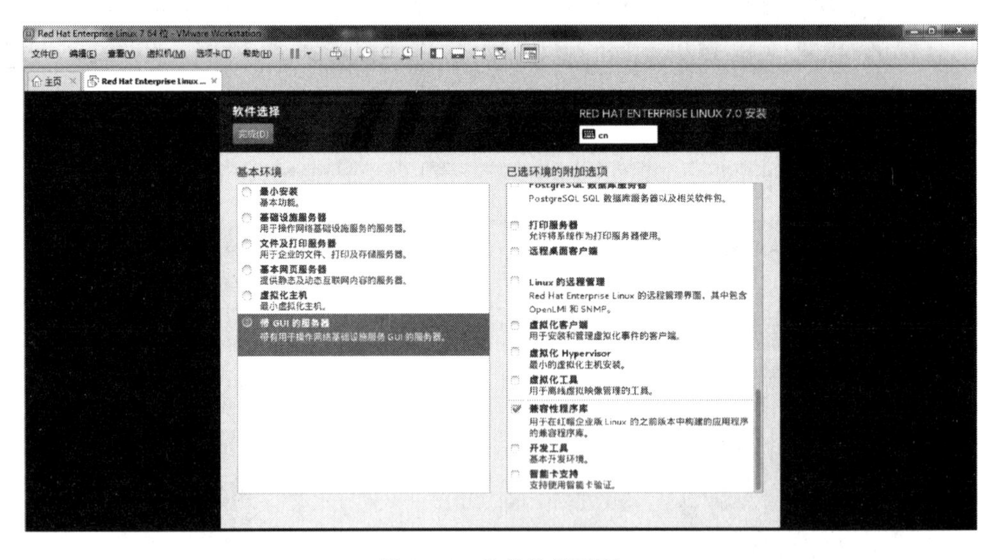

图 1-11　软件选择界面

选择“网络和主机名”，在主机名处输入这台计算机的主机名，如图 1-12 所示。选择“以太网卡”，单击“配置”按钮，进入网络设置窗口，可以手工配置“TCP/IP”网络基本信息，如图 1-13 所示。

图 1-12　主机名设置界面

图 1-13　网络信息设置界面

退出安装信息摘要界面，单击“开始安装”按钮，进入图 1-14 所示的安装界面。

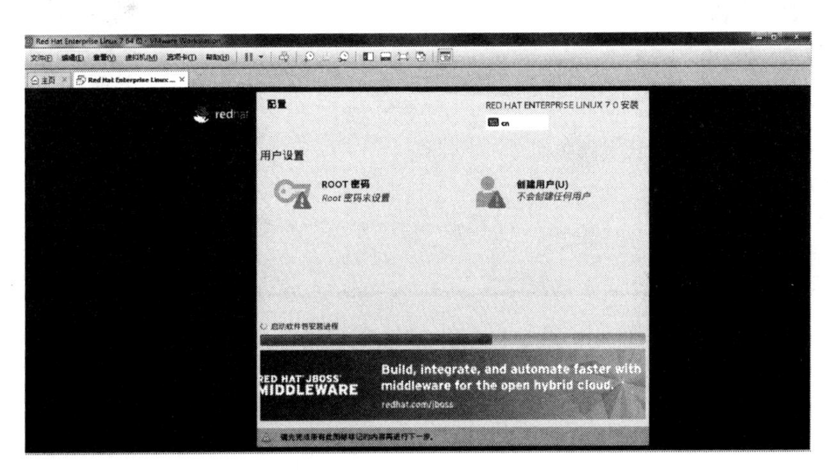

图 1-14　安装界面

在图 1-14 界面中单击“ROOT 密码”，指定超级用户密码，root 用户是 Linux 系统的超级管理员。root 密码必须至少包含 6 个字符，区分大小写，可包含大写字母、小写字母、数字和特殊符号的复杂密码，设置好后单击“完成”按钮，如图 1-15 所示。

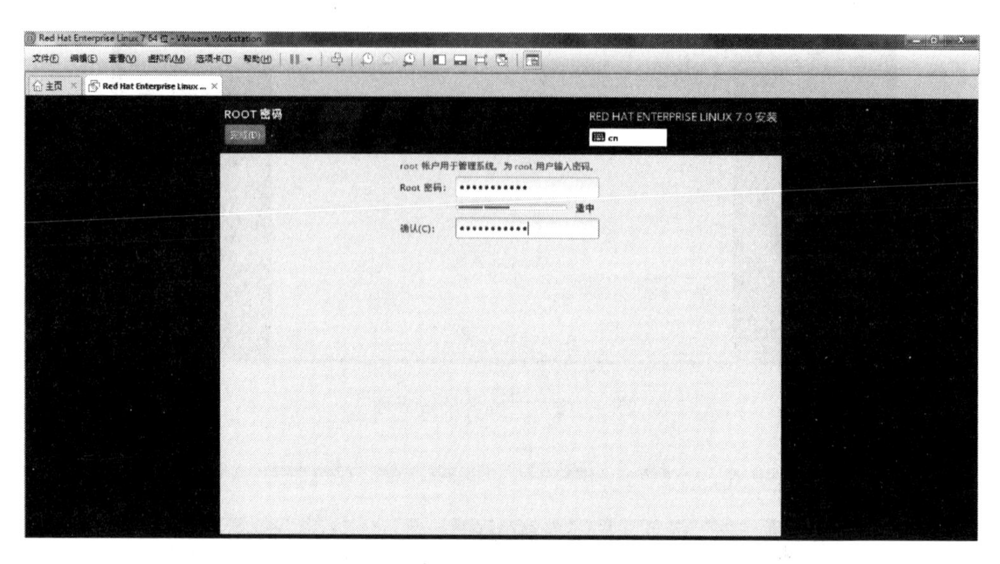

图 1-15　root 密码设置界面

在图 1-14 界面单击“创建用户”，输入全名、用户名和密码创建一个普通用户的账号，也可以将此用户设置为管理员账户，如图 1-16 所示。如不需要创建用户可直接跳过此步骤。

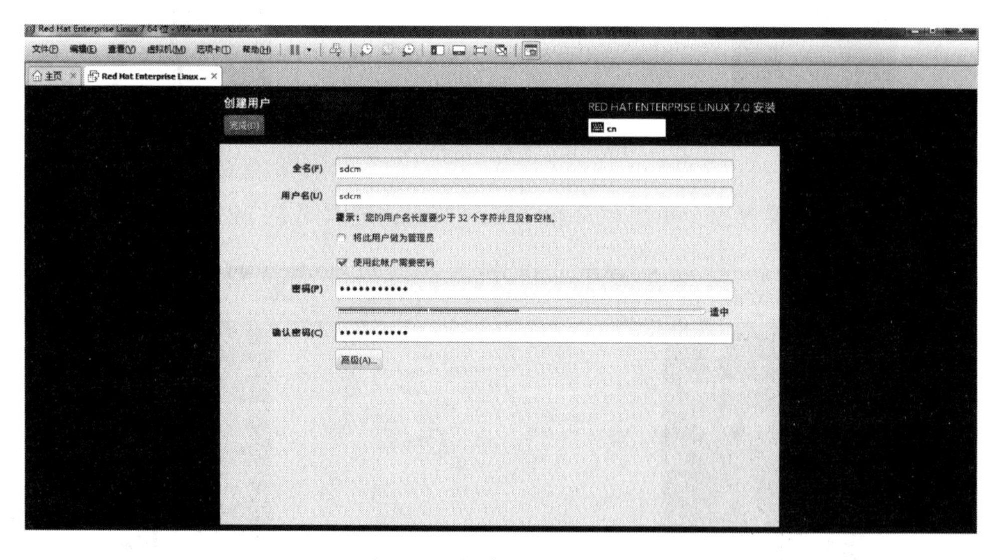

图 1-16　创建用户设置界面

安装完成后，如图 1-17 所示，单击“重启”按钮开始安装后的初始化配置。

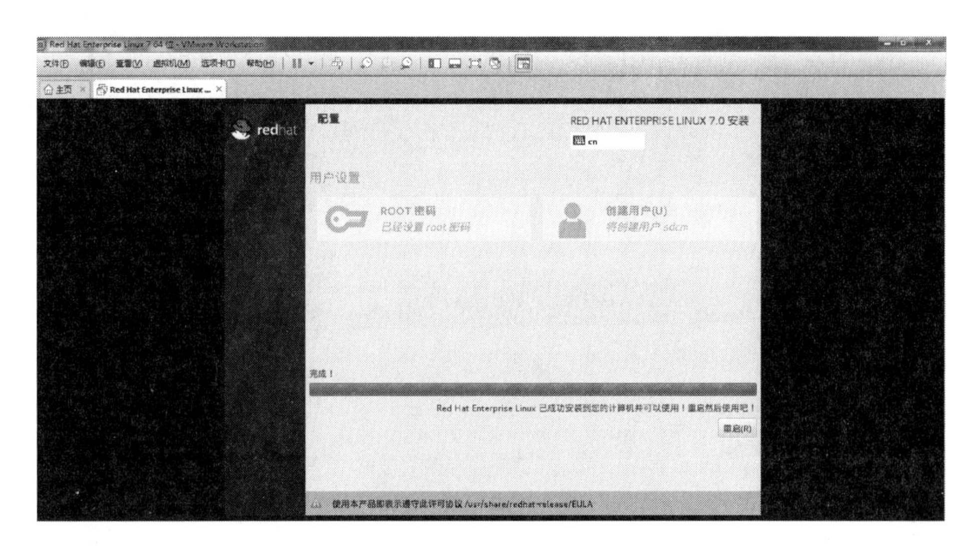

图 1-17　安装完成界面

③安装后的初始化配置——firstboot 服务

安装 Red Hat Enterprise Linux 7.0 后，系统会提供一个名为 firstboot 的服务。firstboot 的服务仅会在安装后第一次开机时执行，负责协助配置 Red Hat Enterprise Linux 7.0 的一些重要信息。

Kdump 是一个内核崩溃转储机制。在系统崩溃时，Kdump 将捕获系统信息，这对于诊断崩溃的原因非常有用，但启动该管理机制会占用部分系统内存。建议内核开发者启用该机制，一般环境无需开启该机制，如图 1-18 所示。

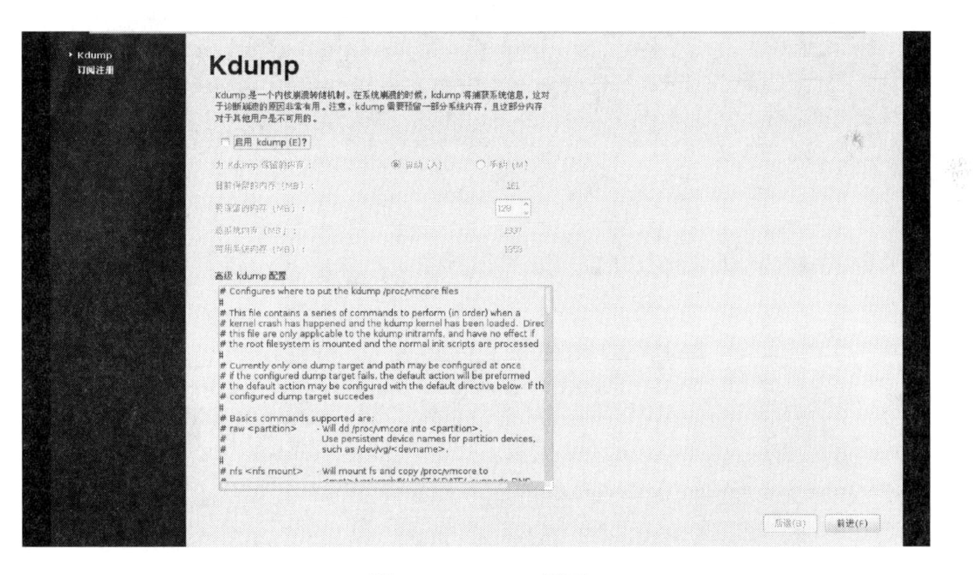

图 1-18　Kdump 界面

单击“前进”按钮，进入订阅管理注册界面，如图 1-19 所示。以后注册，单击“完成”按钮，进入首次登录界面，如图 1-20 所示。默认以创建的用户登录，而 Root 用户并未列出，单击“未列出”按钮手动输入用户名 Root 和密码登录系统。

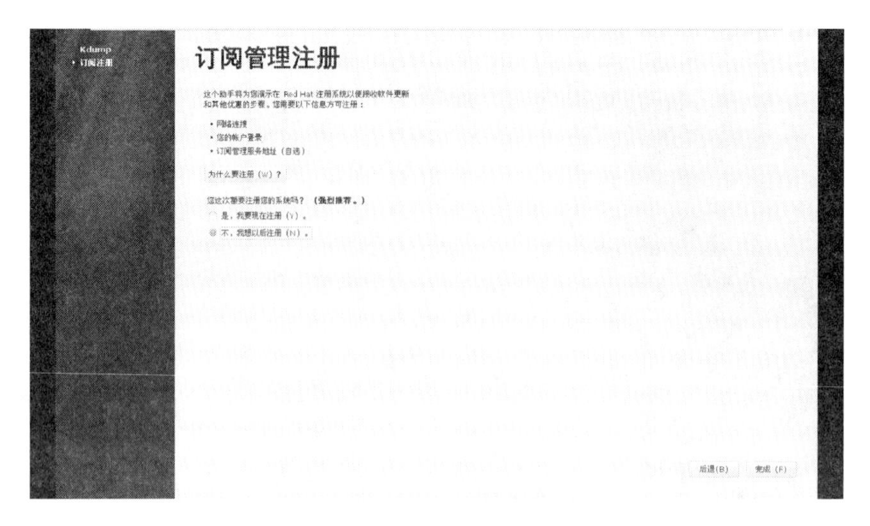

图 1-19　订阅管理注册界面

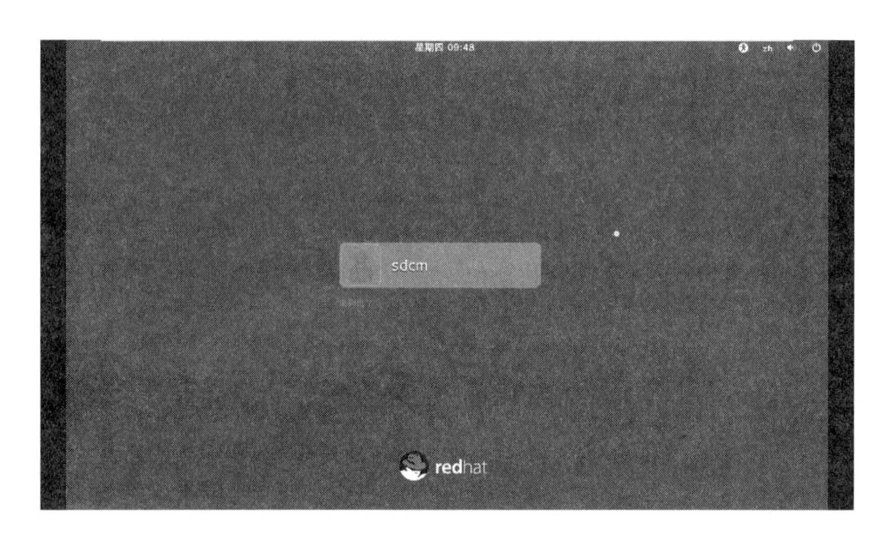

图 1-20　首次登录界面

登录后进入一个欢迎页面，在该页面可设置系统默认语言，如图 1-21 所示。

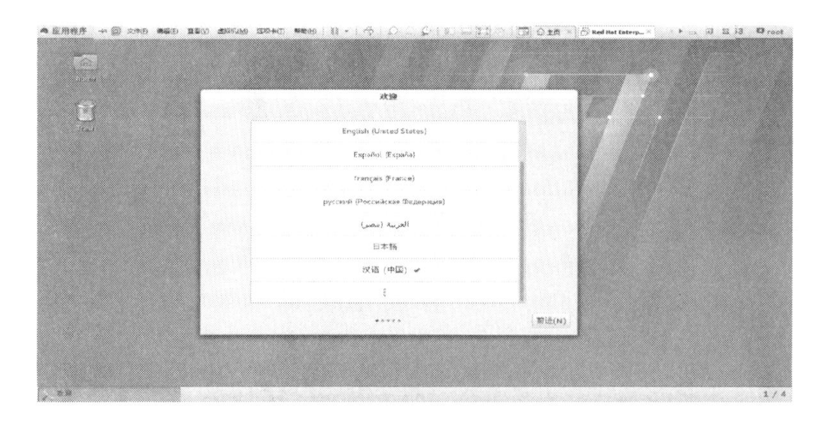

图 1-21　欢迎页面

系统默认语言设置完成后，单击“前进”按钮进入“输入源”设置页面，如图 1-22 所示。

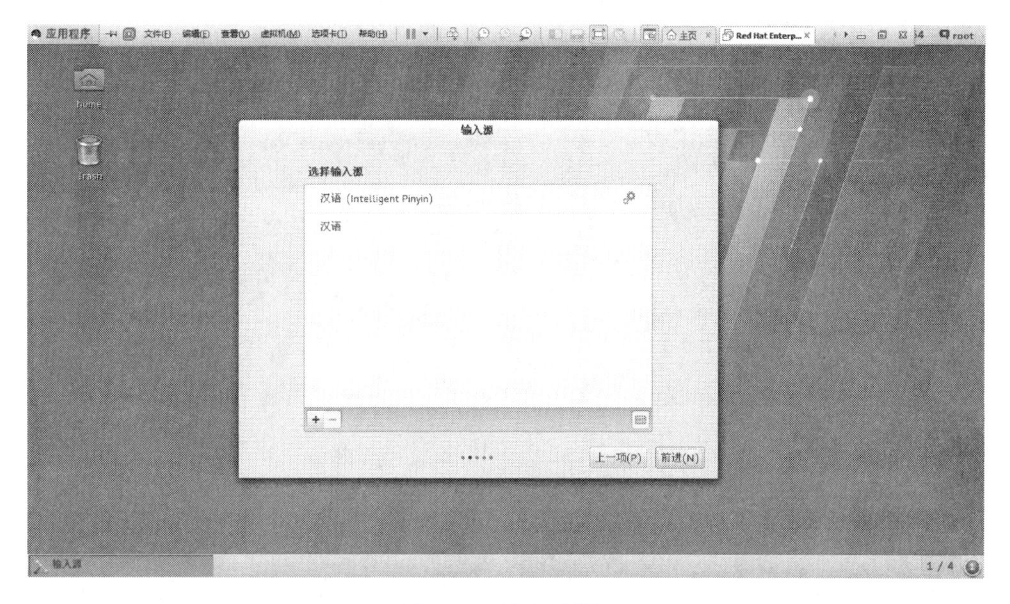

图 1-22　输入源设置

所有配置完成后，进入 GNOME 桌面，如图 1-23 所示。

图 1-23　GNOME 桌面

④注销、关闭和重启 Red Hat Enterprise Linux 7.0 系统

在图形化界面中单击通知区域“root”，如图 1-24 所示。单击“注销”按钮即可注销系统，如图 1-25 所示。单击“关机”按钮将关闭系统，单击“重启”按钮将重新启动系统，如图 1-26 所示。

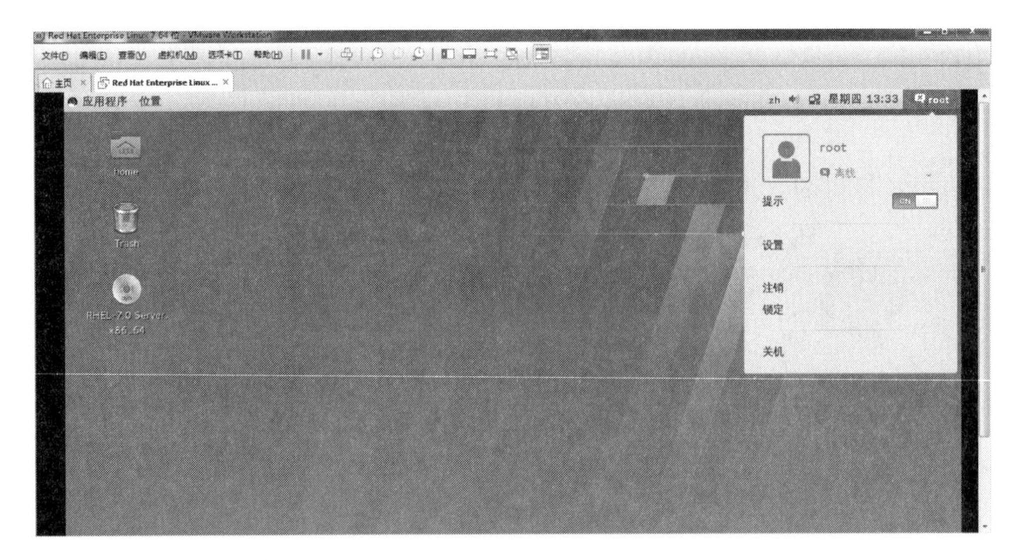

图 1-24 系统桌面

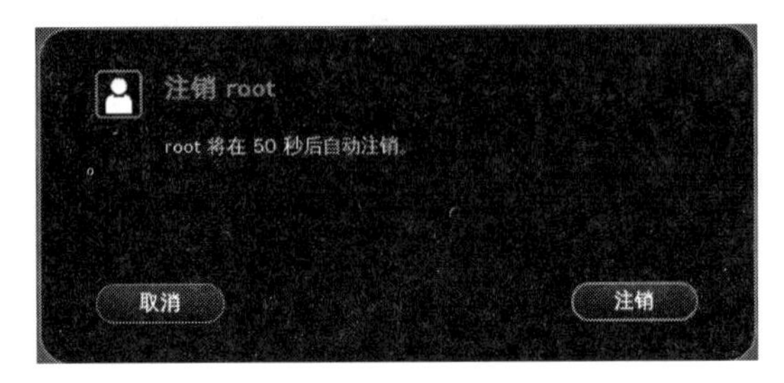

图 1-25 注销对话框

图 1-26 关机对话框

习题

1. 简述 Linux 系统的应用领域。
2. 简述 Linux 系统的组成。
3. 简述 Linux 主流的发行版本。
4. 简述安装 Linux 系统的硬件要求。

第2章 字符界面操作基础

2.1 字符界面简介

要进入 Red Hat Enterprise Linux 7 系统的字符界面可以通过图形界面下的终端、字符界面以及虚拟控制台等多种方式。

（1）图形界面下的终端

安装 Red Hat Enterprise Linux 7 系统之后，系统启动默认进入的是图形化界面。在图形化桌面环境中提供了打开终端命令行界面的方式，终端方式允许用户通过输入命令来管理计算机。

在图形界面中单击桌面上的“应用程序”→“工具”→“终端”，或右击桌面，选择“在终端中打开”，打开如图 2-1 所示的终端界面。在终端界面中可以直接输入命令并执行，执行的结果显示在终端界面中。如果要退出终端界面，可以单击终端界面右上角的“×”按钮，或在终端界面输入“exit”命令，或按【Ctrl+d】组合键。

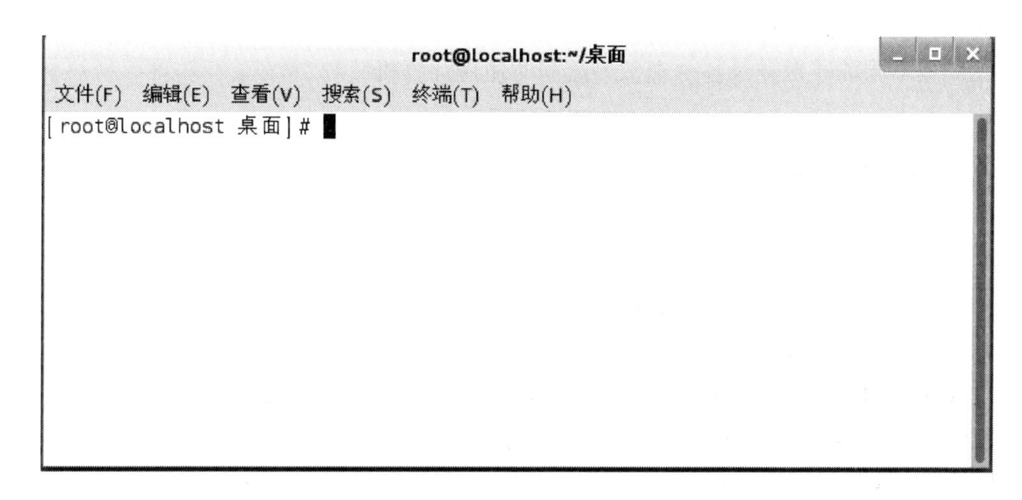

图 2-1 终端界面

(2) 字符界面

在图 2-1 终端界面使用以下命令修改为进入字符界面，所做的改变在系统重新引导后即可生效。

```
[root@localhost ~]#systemctl set-default multi-user.target
```

如果用户使用命令登录 Red Hat Enterprise Linux 7 系统，在系统被引导后，会出现登录提示，如图 2-2 所示。输入正确的用户名和密码后，用户即可进入系统，如图 2-3 所示。注意超级用户 root 登录的提示符是“#”，其他用户登录的提示符是“ $ ”。如果要注销当前用户，可以使用 logout 命令。如果需要重新启动系统，可以使用 reboot 命令。如果需要立即关闭系统，可以使用 halt 或 shutdown -h 命令。

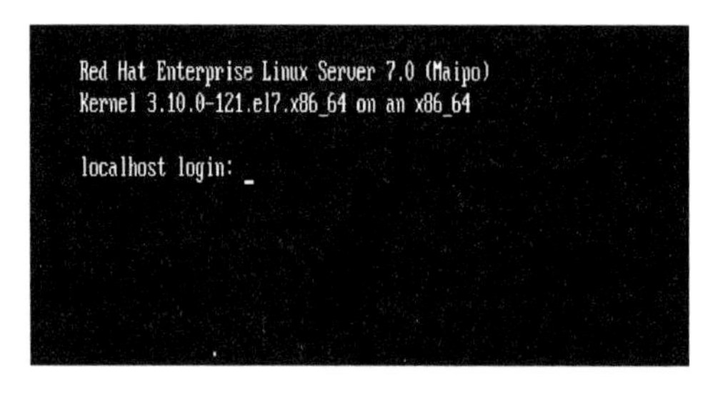

图 2-2　字符界面登录提示

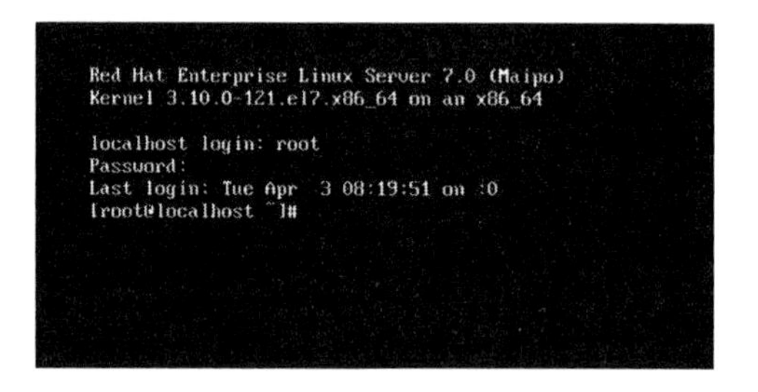

图 2-3　已登录字符界面

(3) 虚拟控制台

Red Hat Enterprise Linux 7 系统提供虚拟控制台的访问方式，可以同时接受多个用户登录，还允许用户在同一时间进行多次登录。

在字符界面下，虚拟控制台的选择可以通过按下【Alt】键和一个功能键来实现，通常是【F1】~【F6】键。比如用户登录后，按【Alt+F2】，可以看到“login:”提示符，说明用户进入了第二个虚拟控制台，再按【Alt+F1】，回到第一个控制台。在图形界面下，可以使用【Ctrl+Alt+F2】~【Ctrl+Alt+F6】切换字符虚拟控制台，使用【Ctrl+Alt+F1】切换到图形界面。

虚拟控制台真正体现了 Linux 系统多用户的特性。每个虚拟终端相互独立，用户可以使用相同或不同的账户登录各个虚拟终端同时使用计算机。

2.2 文本编辑器 Vim

2.2.1 Vim 的工作模式

Red Hat Enterprise Linux 7 中的文本编辑器有很多，比如图形模式下的 Gedit，Kwrite 等，文本模式下的 Vi，Vim 等。Vim（Visual Interface Improved）是 Red Hat Enterprise Linux 7 系统上全屏幕交互式编辑程序，可以执行输出、删除、查找、替换、块操作等众多文本操作。Vim 有 3 种基本工作模式，分别是命令模式（Command Mode）、插入模式（Insert Mode）、末行模式（Last Line Mode）。

(1) 命令模式

进入 Vim 编辑器后，默认处于命令模式，如图 2-4 所示。命令模式控制屏幕光标的移动，字符、字或行的删除，某区域的移动、复制等。

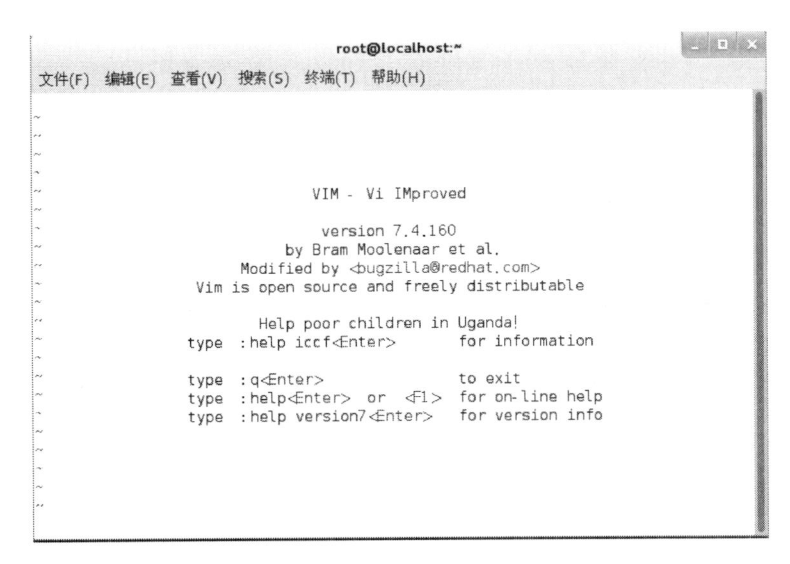

图 2-4 Vim 命令模式界面

(2) 插入模式

在命令模式下，按字母“a”“i”“o”“Insert”键可以进入插入模式，如图 2-5 所示。在插入模式下，用户可以进行文字和数据的输入编辑。按“Esc”键即可回到命令模式。

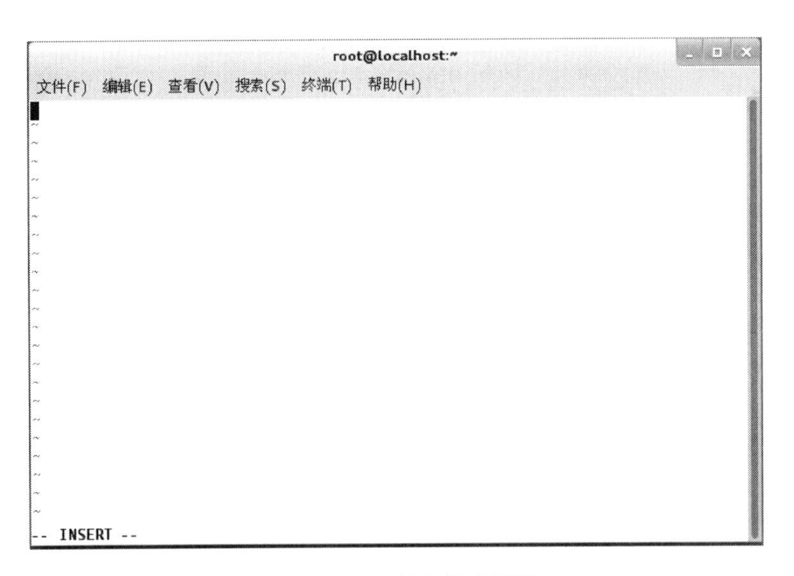

图 2-5 Vim 插入模式界面

(3) 末行模式

在命令模式下，按冒号键“:”可以进入末行模式，如图 2-6 所示。在末行模式下，

Vim 编辑器窗口的最后一行显示一个“:”作为末行模式的提示符，等待用户输入命令。保存文档或退出 Vim、设置编辑环境、寻找字符串、列出行号、把编辑缓存区的内容写到文件中等都是在末行模式下进行的。按“Esc”键即可回到命令模式。图 2-7 列出 3 种工作模式的转换过程。

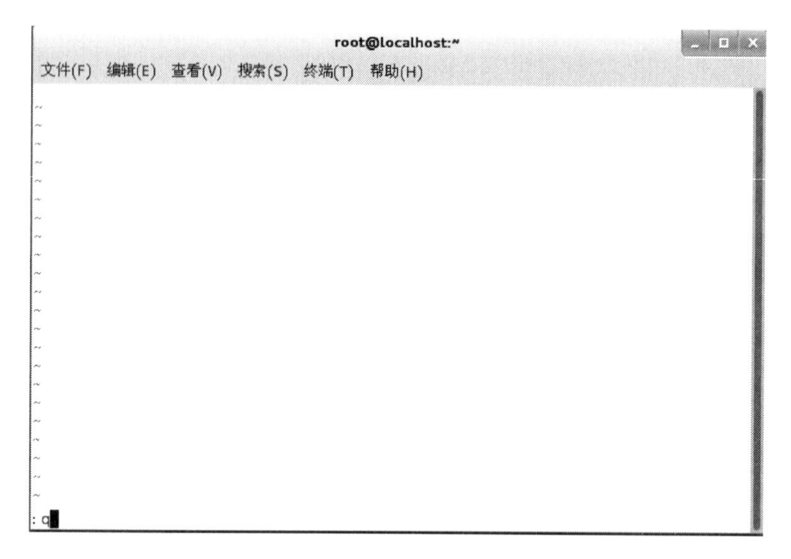

图 2-6　Vim 末行模式界面

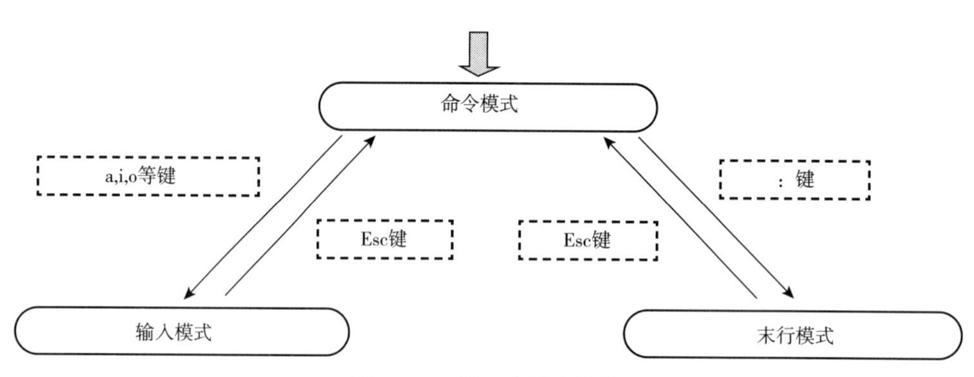

图 2-7　3 种工作模式切换

2.2.2　Vim 的基本操作

(1) 进入 Vim

进入 Vim 有以下 3 种命令方式，如表 2-1 所示。

表 2-1　进入 Vim

命令	功能
vim file	如果 file 存在，打开文件；如果 file 不存在，将建立此文件
vim －r file	在上次正使用 vim 编辑时发生系统崩溃，恢复 file 文件
vim file1 file2...	打开多个文件，依次进行编辑

(2) 退出 Vim

先按 ESC 键，进入末行模式，再输入下列命令，退出 Vim，如表 2-2 所示。

表 2-2　退出 Vim

命令	功能
:w	保存命令
:q	退出命令，若文件内容修改，则提示是否放弃修改
:wq	保存并退出命令
:w file	指定文件另存为 file
:q!	放弃已修改的内容，强行退出

(3) 命令模式操作

在命令模式下可以使用表 2-3 所示的命令进行命令模式操作。

表 2-3　命令模式操作

操作	命令	功能
复制和粘贴	yw	复制光标所在位置到单词尾的字符
	nyw	复制光标所在位置开始的 n 个单词
	yy	复制光标所在行
	nyy	复制光标所在行开始的 n 行
	y$	复制光标所在位置到行尾内容
	y^	复制光标所在位置到行首内容
	p	将复制的内容粘贴到当前光标右侧
	P	将复制的内容粘贴到当前光标左侧
删除	x	删除光标所在位置的字符
	X	删除光标所在位置的前一个字符
	nx	删除光标所在位置开始的 n 个字符
	nX	删除光标所在位置前面 n 个字符
	dd	删除光标所在行
	ndd	从光标所在行开始删除 n 行
	dw	从光标所在位置开始删除一个单词
	ndw	从光标所在位置开始删除 n 个单词
	d$	删除光标到行尾的内容
	do	删除光标到行首的内容
替换	r	替换光标所在位置的字符
	R	替换光标所到之处的字符，直到按【ESC】键为止
撤销和重复	u	撤销上一次操作
	U	取消所有操作
	.	再一次执行刚完成的操作

续表

操作	命令	功能
查找字符	/关键字	从光标开始处向文件尾搜索关键字，按 n 键向同方向查找下一个关键字，按 N 键向反方向查找
	? 关键字	从光标开始处向文件首搜索关键字，按 n 键向同方向查找下一个关键字，按 N 键向反方向查找

2.3 Shell 命令

2.3.1 Shell 简介

在 Red Hat Enterprise Linux 7 系统中，Shell 是最常使用的程序，是内核和用户的接口，是命令语言、命令解释程序及程序设计语言的统称。Shell 是一个命令语言解释器，拥有自己内建的 Shell 命令集，Shell 能被系统其他应用程序调用。当用户成功登录 Red Hat Enterprise Linux 7 系统后，即开始了与 Shell 的对话交互过程。不论何时键入一个命令都被 Shell 解释执行。

Shell 本身属于解释型的程序设计语言，支持绝大多数在高级语言中能见到的程序元素，如函数、变量、数组和程序控制结构。在提示符下键入的命令都能放到一个可执行的 Shell 程序中，以非交互的方式执行，也就是说 Shell 语言能简单地重复执行某一任务。例如，可以把一些要执行的命令预先存放在文本文件中（Shell 脚本），然后执行该文件，类似于 DOS 的批处理文件，但其功能要比批处理文件强大得多。

Red Hat Enterprise Linux 7 系统默认的 Shell 是 BASH（Bourne-Again Shell），是 Bourne Shell 的扩展，可以提供命令补全、命令编辑和命令历史等，有灵活和强大的编程接口，同时又有很友好的用户界面。

2.3.2 Shell 命令格式

（1）Shell 命令提示符

成功登录 Red Hat Enterprise Linux 7 后将出现 Shell 命令提示符，如：

[root@localhost ~]#　　　//超级用户的命令提示符

[sdcm@localhost ~]$　　　//普通用户 sdcm 的命令提示符

[　] 以内@之前为已登录的用户名（如 root、sdcm）。[　] 以内@之后为计算机的主机名（如 localhost），如果没有设置主机名，默认为 localhost。其次为当前目录名（如~为用户的主目录）。“#”是超级用户提示符，“$”是普通用户提示符。

（2）Shell 命令格式

在 Shell 命令提示符后，用户可输入相关的 Shell 命令，格式由命令名、选项和参数三部分组成，基本格式如下：

命令名　[选项]　[参数]

命令名是描述该命令功能的英文单词或缩写。命令名必不可少，放在整个命令行的起始位置。

选项是执行该命令的限定参数或者功能参数。选项有短命令行选项和长命令行选项两种，如：

[root@localhost ~]#ls -l /root //使用短命令行选项

[root@localhost ~]#ls - size /root //使用长命令行选项

参数是执行该命令的对象，如文件、目录等。根据命令的不同，参数可以有一个或多个，也可以没有。

在 Shell 中，一行可以键入多条命令，用“;”分隔。在一行命令后加“\”表示另起一行继续输入。可以使用【Tab】键补齐命令。可以使用内部命令“history”来显示和编辑历史命令。

2.3.3 常用 Shell 命令

(1) mkdir 命令

格式：mkdir [选项] [参数]

功能：创建目录。

常用选项：

-m 创建目录的同时设置目录的访问权限。

-p 一次建立多级目录。

例 2-1：创建 test 目录，并在其下创建 file 目录。

[root@localhost ~]#mkdir -p test/file

[root@localhost ~]#ls test

(2) rmdir 命令

格式：rmdir [选项] [参数]

功能：从一个目录中删除一个或多个子目录，要求目录删除之前必须为空。

常用选项：

-p 递归删除目录，当子目录删除后其父目录为空时，一并被删除。

例 2-2：删除 test 目录下的 file 目录，同时删除 test 目录。

[root@localhost ~]#rmdir -p test/file

[root@localhost ~]#ls

(3) cd 命令

格式：cd [目录]

功能：将当前目录改变为指定的目录。若没有指定目录，则返回用户的主目录，也可以用“cd..”

返回到系统的上一级目录。

例 2-3：将用户目录切换到/home。

[root@localhost ~]#cd /home

(4) ls 命令

格式：ls [选项] [文件或目录]

功能：对目录而言列出其中的所有子目录与文件信息，对文件而言输出其文件名及所要求的其他信息。

常用选项：

-a　显示所有文件和子目录，包含隐藏文件和子目录。隐藏文件和子目录以“.”开头。

-l　显示文件和子目录的详细信息，包括文件类型、权限、所有者和所属组群、文件大小、最后修改时间、文件名等。

-d　如果参数是目录，只显示其名称而不显示其下的各文件和子目录。常与“-l”选项一起使用，以得到目录的详细信息。

例 2-4：查看/etc 目录下的所有文件和子目录的详细信息。

```
[root@localhost~]#ls  -al  /etc
```

（5）cat 命令

格式：cat　［选项］　［文件名］

功能：读取文件的内容并将其输出到标准输出设备上。另外，该命令还能够用来连接两个或多个文件，形成新的文件。

例 2-5：创建文本文件 f1，显示文件内容。

```
[root@localhost~]# cat  >f1
```

按下【Ctrl+D】组合键，在当前目录下保存文件 f1，之后查看文件内容。

```
[root@localhost~]# cat  f1
```

（6）touch 命令

格式：touch　［选项］　［文件或目录名］

功能：创建空文件以及更改文件的时间。

常用选项：

-a 更改文件的访问时间。

-m 更改文件的修改时间。

例 2-6：更新文件 hello. sh 的访问和修改时间为当前的日期时间。

```
[root@localhost~]# touch  hello.sh
```

（7）more 命令

格式：more　［选项］　［文件名］

功能：分屏显示文件的内容。按【Enter】键可以向下移动一行，按【Space】键可以向下移动一页，按【q】键可以退出 more 命令。

常用选项：

-p　显示下一屏之前先清屏。

-s　文件中连续的空白行压缩成一个空白行显示。

例 2-7：分屏显示/etc 目录下的 services 文件的内容。

```
[root@localhost~]#more  /etc/services
```

（8）grep 命令

格式：grep　［选项］　［查找模式］　［文件名］

功能：在文件中查找并显示包含指定字符串的行。

常用选项：

-c　只显示匹配行的数量。

-v　只显示不包含匹配字符的行。

-i　比较时不区分大小写。

查找条件设置：

➢ 要查找的字符串以双引号括起来。

➢ “^……”表示以……开头，“……$”表示以……结尾。

➢ “^$”表示空行。

例 2-8：在/etc/passwd 文件中查找“root”字符串。

```
[root@ localhost ~]#grep "root" /etc/passwd
```

(9) find 命令

格式：find [目录] [选项]

功能：将文件系统中符合条件的文件列出来，可以指定文件的名称、类别、时间、大小以及权限等不同信息的组合。

常用选项：

-name‘字符串’　查找文件名与字符串匹配的文件，字符串内可以用通配符 *、?、[ ]。

-group‘字符串’　查找属主用户组名为所给字符串的所有文件。

-user‘字符串’　查找属主用户名为所给字符串的所有文件。

-type‘字符串’　按文件类型查找文件，类型包括：普通文件（f）、目录文件（d）、块设备文件（b）、字符设备文件（c）等。

例 2-9：在根目录下查找文件名为‘temp’或是匹配‘install *’的所有文件。

```
[root@localhost ~]#find / -name 'temp' -o -name 'install*'
```

(10) cp 命令

格式：cp [选项] [源文件或源目录] [目标文件或目标目录]

功能：复制文件和目录到其他目录中。

常用选项：

-b　若存在同名文件，覆盖前备份原文件。

-f　在覆盖目标文件之前不给出提示信息，要求用户确认。

-r 或-R　按递归方式保留原目录结构复制文件。

-i 与-f　相反，在覆盖目标文件之前给出提示信息要求用户确认。

例 2-10：将文件 f1 复制为 f2，若 f2 存在，则备份原来的 f2 文件。

```
[root@localhost ~]# cat >f2
[root@localhost ~]# cp -b f1 f2
[root@localhost ~]# ls
```

(11) mv 命令

格式：mv [选项] [源文件或源目录] [目标文件或目标目录]

功能：移动或重命名文件或目录。

常用选项：

-b　若存在同名文件，覆盖前备份原文件。

-f　强制覆盖同名文件。

例 2-11：将/root/pic 目录下所有后缀名为“. png”的文件移动到/root/test 目录下。

```
[root@localhost~]# mkdir test
[root@localhost~]# mv  -f  /root/pic/* .png  test
[root@localhost~]#ls  test
```

(12) rm 命令

格式：rm [选项] [文件或目录]

功能：删除文件或目录。

常用选项：

-f 强制删除，不出现确认信息。

-r 或-R 按递归方式删除目录，默认只删除文件。

例 2-12：删除 test 目录及其子目录。

```
[root@localhost~]# rm  -r  test
[root@localhost~]#ls
```

(13) tar 命令

格式：tar [选项] [归档文件名] [文件或目录]

功能：将文件或目录归档或压缩以作备份。

常用选项：

-c 创建新的归档文件。

-v 详细报告 tar 处理的信息。

-x 还原归档文件中的文件和目录。

-z 调用 gzip 来压缩归档文件。

-j 调用 bzip2 来压缩或解压归档文件。

-f 指定存档文件。

例 2-13：将整个/home 目录下的文件全部打包成为/usr/backup/home. tar. gz。

```
[root@localhost~]#tar  -czvf  /usr/backup/home.tar.gz   /home
```

例 2-14：将/usr/backup/home. tar. gz 文件解压到/usr/local/src 下。

```
[root@localhost~]#tar  -zxvf  /usr/backup/home.tar.gz  -C  /usr/lo-
cal/src/
```

(14) echo 命令

格式：echo [选项] [字符串]

功能：在显示器上显示文字。

常用选项：

-n 表示输出文字后不换行。

例 2-15：将文本“Hello Linux”添加到文件/root/notes 中。

```
[root@localhost~]#echo  Hello Linux  > /root/notes
[root@localhost~]#cat  /root/notes
```

(15) clear 命令

格式：clear

功能：清除屏幕信息。

例 2-16：清除计算机屏幕上显示的信息。

```
[root@localhost ~]#clear
```

（16）man 命令

格式：man [命令名]

功能：显示指定命令的手册页帮助信息。

例 2-17：显示 mkdir 命令的帮助信息。

```
[root@localhost ~]#man  mkdir
```

习题

1. 简述进入字符界面的方式。
2. 简述 Shell 的功能作用。
3. 简述使用“ls -l”命令显示的详细信息。
4. 简述 Vim 编辑器的工作模式。

第3章 用户和组管理

3.1 用户和组简介

3.1.1 用户账户简介

（1）用户账户分类

Red Hat Enterprise Linux 7 支持多用户使用，当多个用户登录使用同一个 Linux 系统时，需要对各个用户进行管理，以保证用户文件的安全存取。每个用户都有一个唯一标识，称为用户 ID（UID）。在 Red Hat Enterprise Linux 7 系统中有三类用户，分别是 root 用户、系统用户和普通用户。

①root 用户

root 用户 ID 为 0。root 用户的权限最高，普通用户无法执行的操作，root 用户都能完成，因此被称为超级用户。系统中的每个文件、目录和进程都归属于某一个用户，没有用户许可，其他普通用户是无法操作的，但对 root 用户除外。root 用户可以对文件或目录进行读取、修改和删除；可以控制对可执行程序的执行和终止；可以对硬件设备执行添加、创建和移除等操作。

②系统用户

系统用户也称为虚拟用户、伪用户，ID 为 1~999。这类用户不具有登录 Linux 系统的能力，但却是系统运行不可缺少的用户，比如 bin、daemon、ftp、mail 等，是系统自身拥有的。

③普通用户

普通用户由系统管理员创建，ID 为 1000~60000。这类用户能操作自己目录的内容，但使用系统的权限受限。

（2）/etc/passwd 文件

/etc/passwd 文件是系统识别用户的一个文件，用于保存用户的账户数据等信息，又称密码文件或口令文件。系统所有用户都在此文件中有记载。假设用户以账户 sdcm 登录系统时，系统首先会检查/etc/passwd 文件，看是否有 sdcm 这个账户，然后确定用户 sdcm 的 ID，根据 ID 确认用户身份。如果存在则读取/etc/shadow 文件中对应的密码，如果密码核实无误则登录系统，读取用户配置文件。

用户登录进入系统后，可以执行 cat 命令查看完整的系统账号文件。如果当前用户是超级用户，则执行下列命令：

```
[root@localhost ~]#cat  /etc/passwd
```

可得到/etc/passwd 文件的内容，如图 3-1 所示。

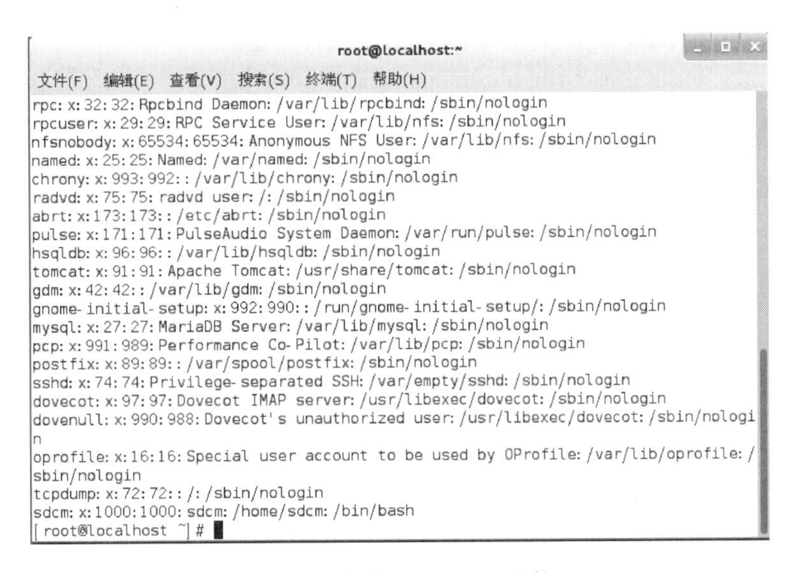

图 3-1　查看/etc/passwd 文件

在/etc/passwd 中，每一行表示的是一个用户的信息，一行 7 个字段，每个字段用冒号“:”分隔。表 3-1 所示为/etc/passwd 文件中各字段的含义。

表 3-1　/etc/passwd 文件各字段含义

字段	含义
用户名	在系统内用户名应具有唯一性，例子 sdcm 就是用户名
密码	看到的是一个 x，表示密码已被映射到/etc/shadow 文件中
UID	每个用户的 ID 是唯一的，本例用户 sdcm 的 ID 是 1000
GID	用户所属的组群 ID，每个组群的 GID 也是唯一的
用户名全称	用户名描述，可以不设置，本例用户 sdcm 的用户名全称是 sdcm
主目录	用户登录后进入的主目录，本例用户 sdcm 的主目录是/home/sdcm
登录 Shell	用户使用的 Shell 类型，Linux 系统默认使用的 Shell 是/bin/bash。如果系统用户不允许登录，可设置 Shell 为/sbin/nologin

（3）/etc/shadow 文件

/etc/shadow 文件是/etc/passwd 的影子文件，这两个文件是对应互补的。/etc/shadow

文件内容包括用户及被加密的密码以及用户账户的有效期限等。/etc/shadow 文件只有 root 用户可以读取和操作，文件的权限不能随便更改为其他用户可读，以防系统安全问题的发生。可以执行 cat 命令查看/etc/shadow 文件，执行下列命令：

```
[root@localhost ~]#cat  /etc/shadow
```

可得到/etc/shadow 文件的内容，如图 3-2 所示。

图 3-2　查看/etc/shadow 文件

在/etc/shadow 中，一行有 9 个字段，每个字段用冒号“:”分隔。表 3-2 所示为/etc/shadow 文件中各字段的含义。

表 3-2　　/etc/shadow 文件各字段含义

字段	含义
用户名	这里的用户名和/etc/passwd 中的用户名是相同的
加密密码	被加密的用户密码，如果显示的是“*”，表示该用户没有设置密码，不能登录到系统
用户最近一次更改密码的时间	从 1970 年 1 月 1 日到最后一次修改密码的时间间隔天数
两次更改密码间隔的最少天数	如果设置为 0，则禁用此功能
必须更改密码的最多天数	如果设置为 0，则禁用此功能
密码更改前警告的天数	用户登录系统后，系统登录程序提醒用户密码将要过期
账户被取消激活前的天数	表示用户密码过期多少天后，系统会禁用此用户
用户账户过期日期	指定用户账户禁用的天数（从 1970 年 1 月 1 日开始到账户被禁用的天数），如果此字段为空，则账户永久可用
保留字段	保留将来使用

3.1.2 组账户简介

（1）组账户分类

某种具有共同特征的用户集合起来就是组（Group）。组是由系统管理员建立的，也有一个唯一的标识，称为组 ID（GID），通过分组可以集中设置访问权限和分配管理任务。组账户有两类：私有组和标准组。

①私有组

当创建一个用户账户时，如果没有指定该用户属于哪一个组，Linux 就会创建一个和该用户同名的组，称为私有组。在这个私有组里面只包含这个用户。

②标准组

标准组也称普通组，可以包含多个用户。如果使用标准组，在创建一个新的用户时，应该指定该用户属于哪个组。

（2）/etc/group 文件

/etc/group 文件是系统识别组的一个文件，内容包括用户和组，并能显示出用户归属哪个组或哪几个组。比如把某个用户加入到 root 组，那么该用户就可以浏览 root 用户主目录的文件。如果 root 用户把某个文件的读写权限开放，root 组中的所有用户都可以修改此文件，如果是可执行的文件，root 组的用户也是可以执行的。可以执行 cat 命令查看/etc/group 文件，执行下列命令：

```
[root@localhost~]#cat  /etc/group
```

可得到/etc/group 文件的内容，如图 3-3 所示。

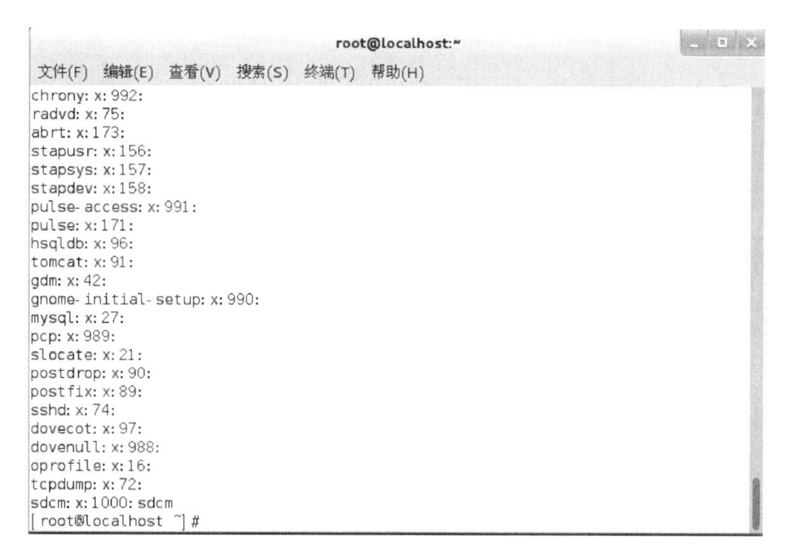

图 3-3 查看/etc/group 文件

在/etc/group 中，一行有 4 个字段，每个字段用冒号“:”分隔。表 3-3 所示为/etc/group 文件中各字段的含义。

表 3-3　　　　　　　　　　/etc/group 文件各字段含义

字段	含义
组名	组的名字
组密码	加密的组密码，看到一个 x，表示密码已被映射到/etc/gshadow 文件中
组 ID	每个组的 ID（GID）是唯一的。Root 组的 ID 是 0，虚拟组的 ID 为 1~999，新建组的 ID 为 1000~60000
组成员	属于这个组的成员用户，如 root 组的成员有 root 用户

（3）/etc/gshadow 文件

/etc/gshadow 文件是/etc/group 的加密文件，组密码存放在这个文件中。对于大型的服务器，需要根据很多用户和组，定制一些关系结构比较复杂的权限，设置组密码很有必要。如果不想让一些非组成员永久拥有组的权限和特性，可以通过密码验证的方式来让某些用户临时拥有一些组特性，这时就用到组密码。可以执行 cat 命令查看/etc/gshadow 文件，执行下列命令：

```
[root@localhost~]#cat  /etc/gshadow
```

可得到/etc/gshadow 文件的内容，如图 3-4 所示。

图 3-4　查看/etc/gshadow 文件

在/etc/gshadow 中，一行有 4 个字段，每个字段用冒号“:”分隔。表 3-4 所示为/etc/gshadow 文件中各字段的含义。

表 3-4　　　　　　　　　　/etc/gshadow 文件各字段含义

字段	含义
组名	组的名字
组密码	密码已加密，如果显示的是“!”，表示该组没有密码
组管理者	组管理者有权在该组中添加、删除用户
组成员	属于这个组的成员用户列表，如有多个用户则用户以逗号分隔

3.2 字符模式下用户和组的管理

3.2.1 用户的管理

(1) useradd 命令

格式：useradd [选项] 用户名

功能：创建用户账户。

常用选项：

-s 设置用户登录后的 Shell 类型，默认为/bin/bash。

-g 组群名 定义用户默认的组名或组号码（初始组）。

-G 组群列表 设置新用户到其他的组中（附属组）。

-u UID 指定用户的 UID。

例 3-1：创建用户 user1，附属组设置为 root 组。

```
[root@localhost~]#useradd -G root user1
```

(2) usermod 命令

格式：usermod [选项] 用户名

功能：更改用户的属性信息。

常用选项：

-d 主目录 改变用户的主目录。

-g 组群名 修改用户所属的初始组。

-G 组群列表 修改用户所属的附属组。

-l 新登录名 修改用户账户名称。

例 3-2：修改用户 user1 的登录名为 lisi。

```
[root@localhost~]#usermod -l lisi user1
```

(3) userdel 命令

格式：userdel [选项] 用户名

功能：删除用户账户，只有超级用户才可以使用此命令。

常用选项：

-f 强制删除用户。

-r 删除用户同时删除用户主目录及其内容，如果不加此选项，仅删除此用户账号。

例 3-3：删除用户账号 user1 及其主目录。

```
[root@localhost~]#userdel -r user1
```

(4) passwd 命令

格式：passwd [选项] 用户名

功能：设置或修改用户的口令，以及口令的属性。

常用选项：

-d 用户名 删除用户的口令，则该用户可直接登录系统，仅能超级用户才可以使用此命令。

例 3-4：为用户 user1 设置口令。

[root@localhost ~]#passwd user1 两次输入口令确认即可。

(5) su 命令

格式：su [选项] 用户名

功能：切换其他用户账户登录系统。

常用选项：

-l 登录并改变用户 Shell。

-c 命令 执行一个命令，然后退出所在的用户环境。

例 3-5：切换为用户 user1 进行登录，不需要改变 Shell。

[root@localhost ~]#su user1

3.2.2 组的管理

(1) groupadd 命令

格式：groupadd [选项] 组名

功能：创建用户组，只有超级用户有权使用此命令。

常用选项：

-g GID 指定组 ID 值。除非使用-o 参数，否则此值唯一。0~999 保留给系统账号使用。

-o 配合-g 使用，可以设定不唯一的组 ID。

例 3-6：建立组 ID 为 5600 的组 test。

[root@localhost ~]#groupadd -g 5600 test

(2) groupmod 命令

格式：groupmod [选项] 组名

功能：修改组账户属性。

常用选项：

-n 新组名 更改组名称。

例 3-7：更改组 test 的新组名称为 shanghai。

[root@localhost ~]#groupmod -n shanghai test

(3) groupdel 命令

格式：groupdel 组名

功能：删除指定的组账户，只有超级用户有权使用此命令。

例 3-8：删除组 shanghai。

[root@localhost ~]# groupdel shanghai

(4) gpasswd 命令

格式：gpasswd [选项] 组名

功能：指定用户组的密码。

常用选项：

-a user 添加用户到组。

-d user 从组删除用户。

-r user　删除密码。

例 3-9：为组 test 设置组密码。

[root@localhost ~]#gpasswd　test　输入两次密码即可。

3.3 图形模式下用户和组的管理

在图形模式下可以使用用户管理器对用户和组进行管理。要使用用户管理器，首先要安装 system-config-users-1. 3. 5-2. el7. noarch RPM 软件包。有两种方法可以启动用户管理器。一种是在桌面环境下单击“应用程序”→“杂项”→“用户和组群”菜单，如图 3-5 所示。一种是以 root 用户登录，执行以下命令：

```
[root@localhost ~]#system-config-uses
```

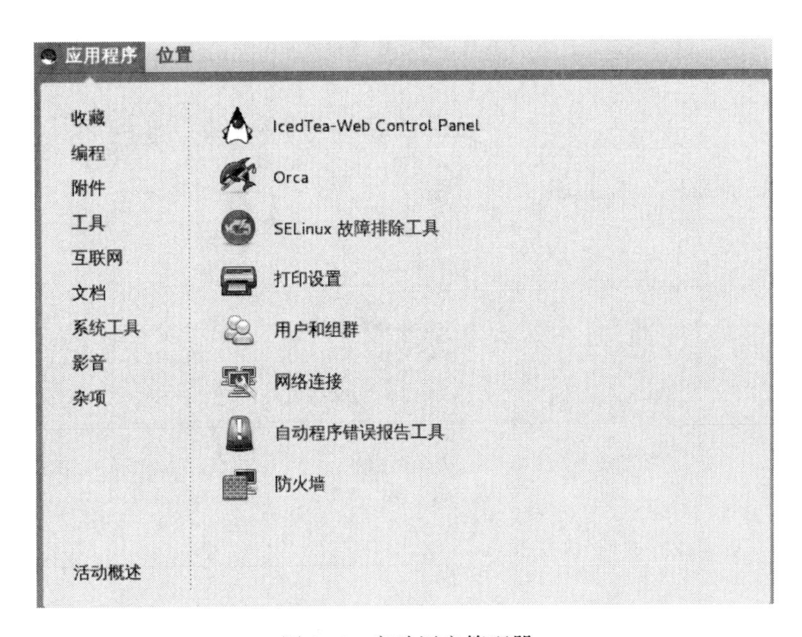

图 3-5　启动用户管理器

启动用户管理器后可以看到图 3-6 所示的界面。单击“用户”选项卡可看到全部用户，单击“组群”选项卡可看到组列表。

（1）添加用户

单击用户管理器中工具栏的“添加用户”按钮，弹出“添加新用户”对话框，如图 3-7 所示。

在对话框中填写新用户的信息，包括用户名及全称、登录密码、登录 Shell、主目录和用户 ID。新添加的用户信息出现在用户列表中。

（2）修改用户属性

如果需要修改某个用户的属性，可在用户列表框中选中该用户，单击工具栏的“属

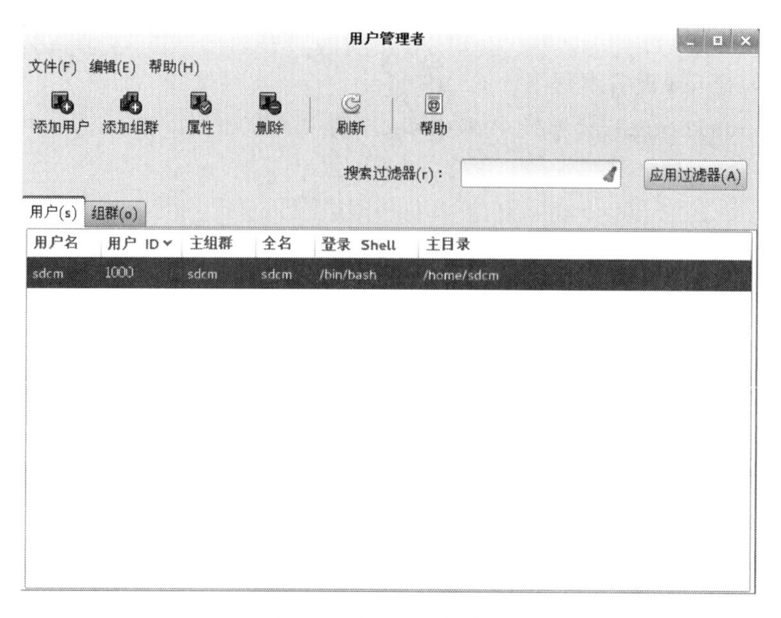

图 3-6 用户管理器界面

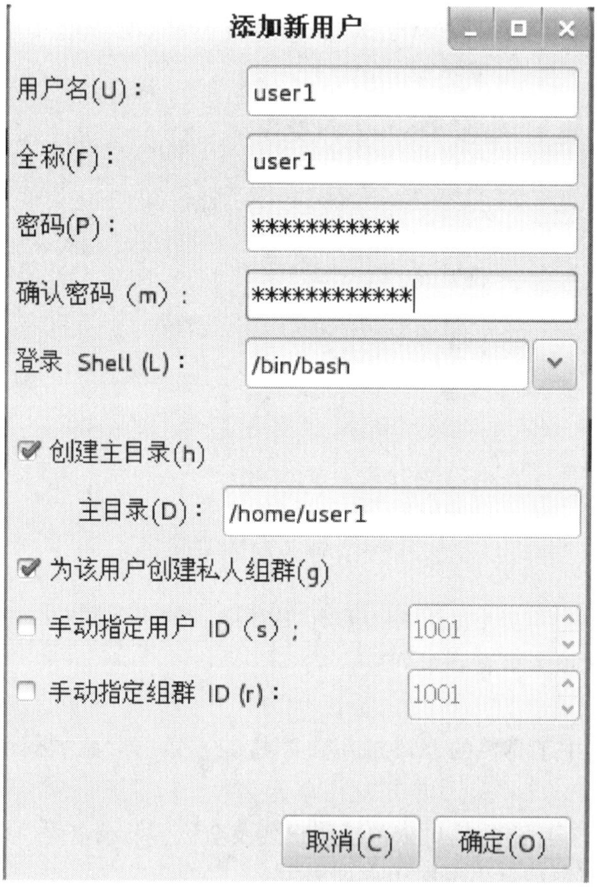

添加新用户

用户名(U)： user1

全称(F)： user1

密码(P)： ***********

确认密码（m）： ************

登录 Shell (L)： /bin/bash

☑ 创建主目录(h)

主目录(D)： /home/user1

☑ 为该用户创建私人组群(g)

☐ 手动指定用户 ID（s）； 1001

☐ 手动指定组群 ID (r)： 1001

取消(C) 确定(O)

图 3-7 “添加新用户”对话框

性”按钮或直接双击该用户都可以打开“用户属性”对话框。在“用户数据”选项卡中修改用户的基本信息，如用户名、全称、密码、主目录和登录等，如图 3-8 所示。在“账号信息”选项卡中设定是否启用用户账户的过期选项，如图 3-9 所示。在“密码信息”选项卡中可以设定是否启用密码过期功能，如图 3-10 所示。在“组群”选项卡可以选择用户将加入的组，以及用户主组，如图 3-11 所示。

图 3-8　“用户属性”对话框

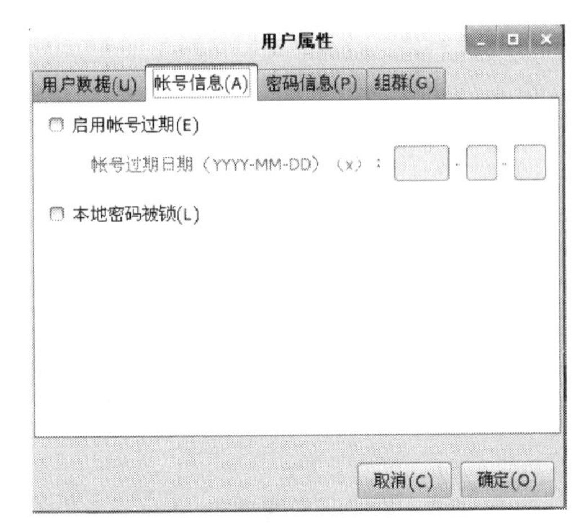

图 3-9　“账号信息”对话框

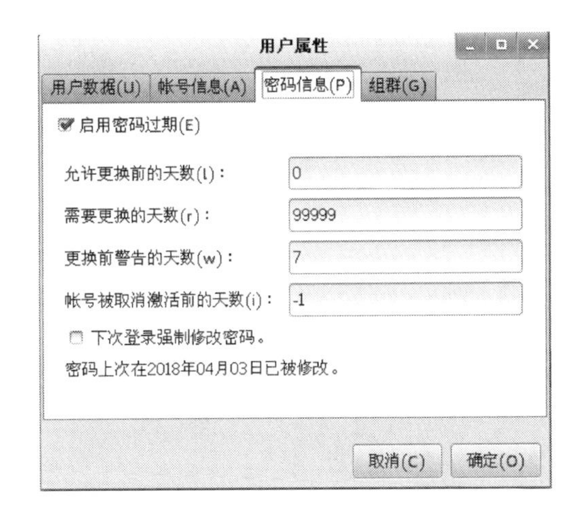

图 3-10　“密码信息”对话框

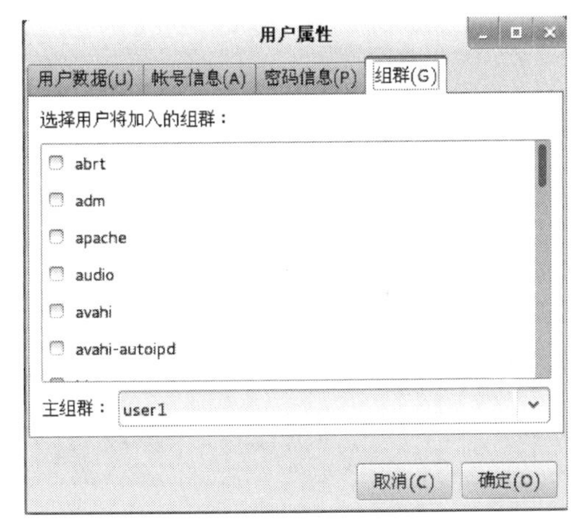

图 3-11　“组群”对话框

（3）添加组

在用户管理器的“组群”选项卡中，列出了现有组群名、组群 ID 和组群成员信息，如图 3-12 所示。如果要添加新的群组，可单击工具栏的“添加组群”按钮，在对话框中输入用户组的名称，选择是否手动指定组群 ID，如图 3-13 所示。

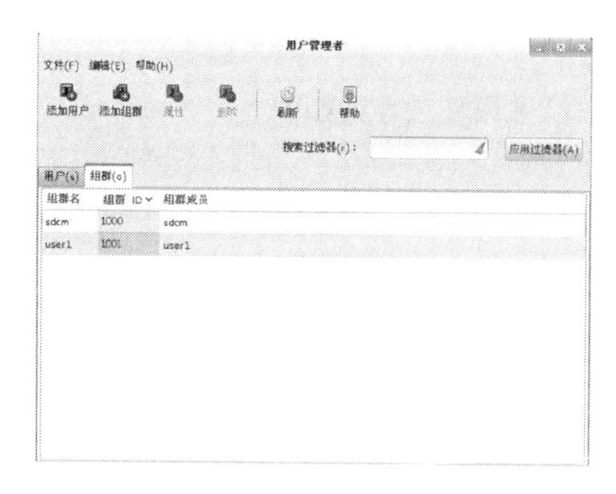

图 3-12　“组群”选项卡

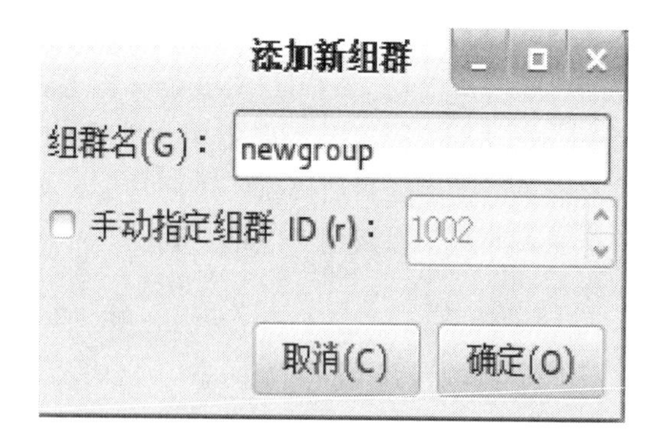

图 3-13　“添加新组群”对话框

（4）修改组属性

在图 3-12 所示的组群列表中选择要修改的组，双击组或单击“属性”按钮，打开“组群属性”对话框，如图 3-14 所示。在“组群数据”选项卡中，可以修改用户组名。在“组群用户”选项卡中可以选择系统中存在的用户加入到该用户组中，如图 3-15 所示。

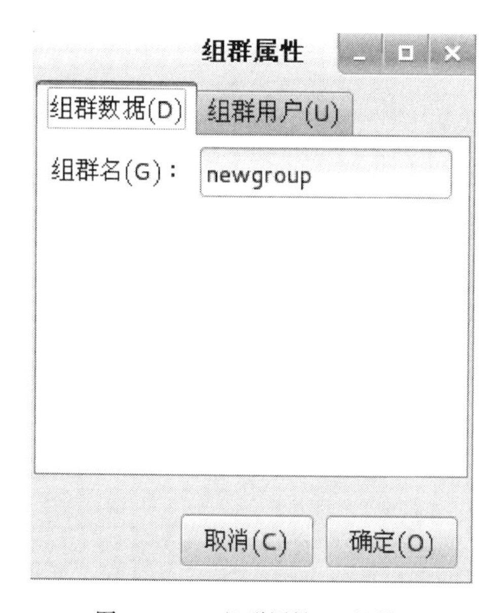

图 3-14　“组群属性”对话框

图 3-15　“组群用户”选项卡

习题

1. 简述 Linux 系统中用户账户的类型。
2. 简述 Linux 系统中组账户的类型。
3. 简述管理用户账户配置文件内容及各字段含义。
4. 简述管理组账户配置文件内容及各字段含义。

第4章 磁盘和文件系统管理

4.1 磁盘管理

4.1.1 磁盘的种类和分区

（1）磁盘的分类

磁盘的种类主要有 IDE、SCSI 以及现在流行的 SATA 等。任何一种硬盘的生产都有一定的标准。

①IDE 磁盘

Red Hat Enterprise Linux 系统中，在设备文件/dev/目录下，ATA 接口的 IDE 磁盘设备识别名为 hd，如第一个 ATA IDE 硬盘的设备文件是/dev/hda，则/dev/hdb 为第二个 ATA 的 IDE 硬盘，依次类推。

SATA 接口的 IDE 磁盘设备识别名为 sd，如第一个 SATA IDE 硬盘的设备文件是/dev/sda，则/dev/sdb 为第二个 SATA 的 IDE 硬盘，依次类推。

②SCSI 磁盘

SCSI 磁盘是使用 SCSI 接口连接到计算机的磁盘，由 SCSI 控制卡上独立的处理器执行调用磁盘的动作，用于性能较高的服务器上。

一台计算机上可安装多个 SCSI 控制卡，每个控制卡可以安装多个 SCSI 磁盘，SCSI 磁盘代号有两个字母，如/dev/sda 是第一个 SCSI 磁盘，则/dev/sdad 是第 30 个磁盘，依次类推。

③移动磁盘

Red Hat Enterprise Linux 的 USB 接口，不管接入的是 USB 外接硬盘、U 盘、USB 光驱，或其他移动磁盘，都使用设备文件/dev/sdX 来标识。

（2）磁盘分区

一个硬盘由若干张磁盘构成，磁盘包含磁头、磁道、扇区、磁柱。磁盘分区是指对硬盘物理介质的逻辑划分。将磁盘分成多个分区，不仅有利于对文件的管理，而且不同的分区可以建立不同的文件系统，这样才能在不同的分区上安装不同的操作系统。磁盘分区共有 3 种：主分区、扩展分区、逻辑分区。

①主分区

分区信息存储在主引导记录扇区的分区表中。一个磁盘最多有 4 个主分区。

②扩展分区

一个磁盘只能有一个扩展分区，因此一个磁盘最多只能有 3 个主分区和一个扩展分区。

③逻辑分区

存储在扩展分区中，每个逻辑分区可以存储一个文件系统。

扩展分区只不过是逻辑分区的“容器”。只有主分区和逻辑分区才能进行数据存储。在 Red Hat Enterprise Linux 系统中进行磁盘分区可以使用 fdisk 和 parted 等命令。

（3）磁盘格式化

磁盘经过分区之后，就要对磁盘分区进行格式化，即创建文件系统。简单来说，就是把一张空白的磁盘划分成一个个小的区域并编号，供计算机存储和读取数据使用。格式化是在磁盘中建立磁道和扇区，建立好之后，计算机才可以使用磁盘来存储数据。格式化的动作通常是在磁盘的开端写入启动扇区的数据、在根目录记录磁盘卷标、为文件分配表保留一些空间，以及检查磁盘上是否有坏扇区。在 Red Hat Enterprise Linux 系统中进行磁盘格式化可以使用命令 mkfs 来完成。

4.1.2 磁盘分区管理

fdisk 命令可以用来对磁盘进行分区，它采用传统的交互式界面，还可以用来查看磁盘分区的详细信息，也能为每个分区指定分区的类型。

格式：fdisk [选项] 设备名

功能：在 Red Hat Enterprise Linux 系统中，管理磁盘分区的分区工具。

常用选项：

-b <扇区大小> 指定磁盘的扇区大小，有效值是 512、1024、2048 或 4096。

-l 列出所有磁盘的分区情况。

-s <分区大小> 显示分区大小，单位为块。

例 4-1：列出当前硬盘/dev/sda 的使用情况。

```
[root@localhost ~]#fdisk  -l  /dev/sda
```

硬盘/dev/sda 的使用情况如图 4-1 所示。设备：表示磁盘分区设备名，比如/dev/sda1。Boot：表示引导分区，上图中/dev/sda1 是引导分区。Start：表示一个分区的开始扇区。End：表示一个分区的结束扇区。Blocks：表示分区的容量，单位是块，默认一块是 1KB。Id：表示分区的类型，两位十六进制数表示。System：表示 Id 所定义的文件系统类型。

在 fdisk 命令的交互方式下有许多子命令，如表 4-1 所示。

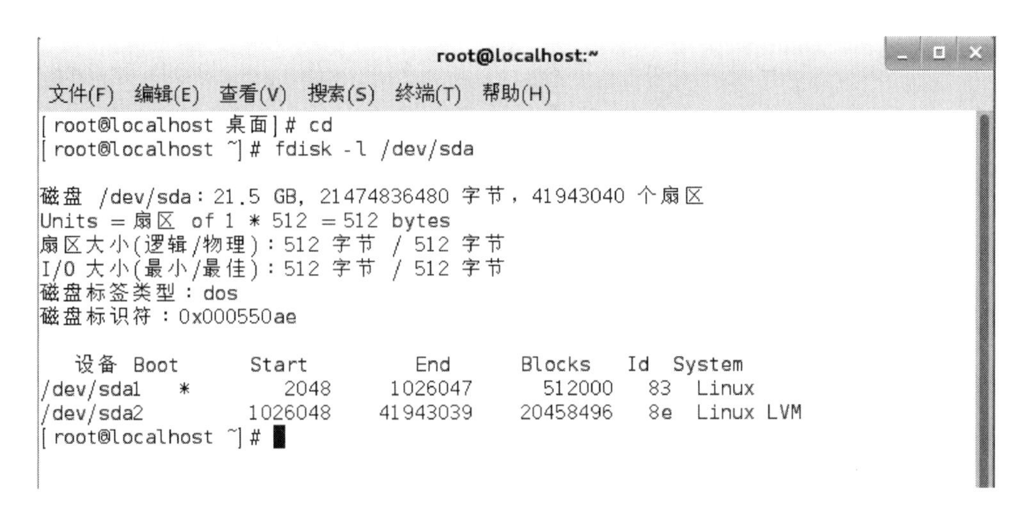

图 4-1 /dev/sda 硬盘信息

表 4-1　fdisk 交互式操作子命令

子命令	功能
m	显示所有能在 fdisk 中使用的子命令
p	显示磁盘分区信息
a	设置磁盘启动分区
n	创建新的分区
e	创建扩展分区
p	创建主分区
t	更改分区的系统 ID
d	删除磁盘分区
q	退出 fdisk，不保存磁盘分区设置
l	列出已知的分区类型
v	验证分区表
w	保存磁盘分区设置并退出 fdisk

(1) 创建主分区

在创建磁盘分区时，需要指定结束扇区，方法如表 4-2 所示。

表 4-2　指定结束扇区方法

格式	功能
n	使用结束扇区，n 代表数字
+n	在开始扇区的基础上，加上 n 个扇区
+nM	在开始扇区的基础上，加上 nMB 容量，还可以使用 K、G
回车	使用默认扇区，按回车键后，这个分区的结束扇区就是最后一个分区

要添加一个 600MB 的主分区，可以按下列步骤操作，如图 4-2 所示。

```
[root@localhost ~]# fdisk /dev/sdb
欢迎使用 fdisk (util-linux 2.23.2)。

更改将停留在内存中，直到您决定将更改写入磁盘。
使用写入命令前请三思。

Device does not contain a recognized partition table
使用磁盘标识符 0xf078a5f7 创建新的 DOS 磁盘标签。

命令(输入 m 获取帮助)：n
Partition type:
   p   primary (0 primary, 0 extended, 4 free)
   e   extended
Select (default p): p
分区号 (1-4，默认 1)：
起始 扇区 (2048-83886079，默认为 2048)：
将使用默认值 2048
Last 扇区，+扇区 or +size{K,M,G} (2048-83886079，默认为 83886079)：+600M
分区 1 已设置为 Linux 类型，大小设为 600 MiB
```

图 4-2　创建主分区

用“+600MB”来指定分区大小为 600MB。主分区创建完成后，可使用 p 命令查看，如图 4-3 所示。

```
命令(输入 m 获取帮助)：p

磁盘 /dev/sdb：42.9 GB, 42949672960 字节，83886080 个扇区
Units = 扇区 of 1 * 512 = 512 bytes
扇区大小(逻辑/物理)：512 字节 / 512 字节
I/O 大小(最小/最佳)：512 字节 / 512 字节
磁盘标签类型：dos
磁盘标识符：0xf078a5f7

   设备 Boot      Start         End      Blocks   Id  System
/dev/sdb1            2048     1230847      614400   83  Linux
```

图 4-3　查看主分区

(2) 创建扩展分区和逻辑分区

要在系统所有空间创建扩展分区，并在扩展分区上创建大小为 800MB 的逻辑分区，可以按照下列步骤操作，如图 4-4 所示。

```
命令(输入 m 获取帮助)：n
Partition type:
   p   primary (1 primary, 0 extended, 3 free)
   e   extended
Select (default p): e
分区号 (2-4，默认 2)：2
起始 扇区 (1230848-83886079，默认为 1230848)：
将使用默认值 1230848
Last 扇区，+扇区 or +size{K,M,G} (1230848-83886079，默认为 83886079)：
将使用默认值 83886079
分区 2 已设置为 Extended 类型，大小设为 39.4 GiB

命令(输入 m 获取帮助)：n
Partition type:
   p   primary (1 primary, 1 extended, 2 free)
   l   logical (numbered from 5)
Select (default p): l
添加逻辑分区 5
起始 扇区 (1232896-83886079，默认为 1232896)：
将使用默认值 1232896
Last 扇区，+扇区 or +size{K,M,G} (1232896-83886079，默认为 83886079)：+800M
分区 5 已设置为 Linux 类型，大小设为 800 MiB
```

图 4-4　创建逻辑分区

逻辑分区创建完成后，可使用 p 命令查看，如图 4-5 所示。

```
命令(输入 m 获取帮助)：p

磁盘 /dev/sdb：42.9 GB, 42949672960 字节，83886080 个扇区
Units = 扇区 of 1 * 512 =512 bytes
扇区大小(逻辑/物理)：512 字节 / 512 字节
I/O 大小(最小/最佳)：512 字节 / 512 字节
磁盘标签类型：dos
磁盘标识符：0xf078a5f7

   设备 Boot      Start         End      Blocks   Id  System
/dev/sdb1            2048     1230847      614400   83  Linux
/dev/sdb2         1230848    83886079    41327616    5  Extended
/dev/sdb5         1232896     2871295      819200   83  Linux
```

图 4-5　查看逻辑分区

（3）删除分区

要删除逻辑分区 5，可按照下列步骤操作：使用 d 命令，如图 4-6 所示。

```
命令(输入 m 获取帮助)：d
分区号 (1,2,5，默认 5)：5
分区 5 已删除

命令(输入 m 获取帮助)：p

磁盘 /dev/sdb：42.9 GB, 42949672960 字节，83886080 个扇区
Units = 扇区 of 1 * 512 =512 bytes
扇区大小(逻辑/物理)：512 字节 / 512 字节
I/O 大小(最小/最佳)：512 字节 / 512 字节
磁盘标签类型：dos
磁盘标识符：0xf078a5f7

   设备 Boot      Start         End      Blocks   Id  System
/dev/sdb1            2048     1230847      614400   83  Linux
/dev/sdb2         1230848    83886079    41327616    5  Extended
```

图 4-6　删除分区

（4）保存分区设置信息并退出 fdisk

使用 w 命令保存分区，如图 4-7 所示。

```
命令(输入 m 获取帮助)：w
The partition table has been altered!

Calling ioctl() to re-read partition table.
正在同步磁盘。
```

图 4-7　保存分区

（5）创建分区生效

在 Red Hat Enterprise 7 中，分区创建完成后不会立即生效，需要重启系统后才可以生效。如果不想重启系统，可以使用如下命令：

```
[root@localhost~]#partx  -a  /dev/sdb
```

（6）查看分区情况

使用如下命令查看磁盘分区情况：

如果看到已创建好的分区，说明创建成功。

```
[root@localhost ~]#ls  /dev/sdb*
```

4.2 文件系统的管理

4.2.1 Linux 文件系统

（1）文件系统的分类

文件系统的主要功能是存储文件的数据。当磁盘存储一个文件时，Red Hat Enterprise Linux 系统还会存储与文件相关的一些信息，如文件的权限模式、文件的拥有者等。Red Hat Enterprise Linux 系统核心支持 10 多种文件系统类型，如 ext2、ext3、ext4、XFS、VFAT、JFS 等。

①ext4

ext4 是第四代扩展日志式文件系统。ext4 修改了 ext3 中部分重要的数据结构，可以提供更好的性能和可靠性。

②XFS

XFS 是一个全 64 位、快速、稳固的日志文件系统，它是由 SGI 公司于 20 世纪 90 年代初开发的。XFS 推出后被业界称为先进的、可升级的文件系统。当 SGI 决定支持 Linux 社区时，将关键的架构技术授权于 Linux 社区，以开源形式发布了 XFS 的源代码，并进行移植。

③VFAT

VFAT 是虚拟文件分配表文件系统，Windows 95/98 后的操作系统的重要组成部分，主要用于处理长文件名。长文件名不能为 FAT 文件系统处理。文件分配表是保存文件在硬盘上保存位置的一张表。原来的 DOS 操作系统要求文件名不能多于 8 个字符，因此限制了用户的使用。VFAT 的功能类似于一个驱动程序，它运行于保护模式下，使用 VCACHE 进行缓存。

④JFS

JFS 是集群文件系统，是一种字节级日志文件系统，借鉴了数据库保护系统的技术，以日志的形式记录文件的变化。JFS 通过记录文件结构而不是数据本身的变化来保证数据的完整性。这种方式可以确保在任何时刻都能维护数据的可访问性。该文件系统主要是为满足服务器（从单处理器系统到高级多处理器和集群系统）的高吞吐量和可靠性需求而设计、开发的。

（2）文件系统的结构

Red Hat Enterprise Linux 中的文件结构是一个以根目录为顶的倒挂树的结构。用户可以用目录或子目录形成的路径名对文件或目录进行操作，如图 4-8 所示。

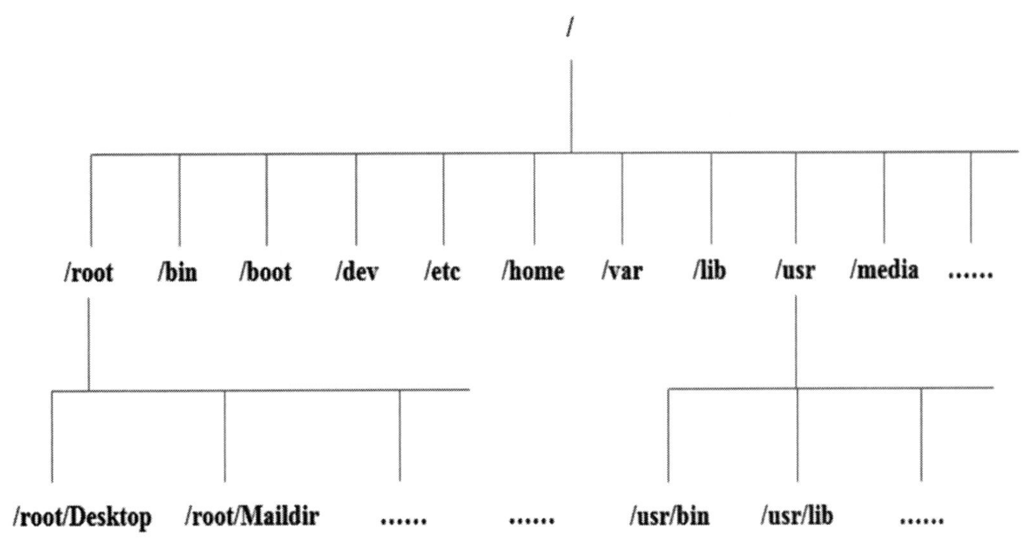

图 4-8　Linux 文件系统的目录结构

/　它是 Red Hat Enterprise Linux 系统的根目录。每一个文件和目录都从根目录开始。只有 root 用户具有该目录下的写权限。

/root　超级用户 root 的主目录。

/bin　包含二进制可执行文件。在单用户模式下，需要使用的常见 Linux 命令都位于此目录下。系统的所有用户使用的命令都设在这里。

/boot　包含引导加载程序相关的文件，包括系统内核等。

/dev　包含终端设备、USB 或连接到系统的任何设备的设备文件。

/etc　包含系统启动和运行所需要的配置文件和脚本文件，各种应用程序的配置文件和脚本文件，以及用户的密码文件、组文件等。

/home　普通用户的个人主目录。

/var　存放经常变化或不断扩充的数据文件，如系统日志、软件包的安装记录等。

/lib　存放系统最基本的动态链接共享库文件。几乎所有的程序运行时都需要共享链接库文件。

/usr　一般文件的主要存放目录，用于存放用户自己编译安装的程序文件。

/media　用于挂载可移动设备的临时目录。如挂载 CD-ROM 的/media/cdrom。

4.2.2　文件系统管理

（1）文件系统的创建

使用 mkfs 命令可以在磁盘分区上创建各种文件系统。

格式：mkfs　［选项］　设备名

功能：创建文件系统。

常用选项：

-t<文件系统类型>　指定文件系统类型。

-v　显示详细信息。

例 4-2：在/dev/sdb6 上建立一个 ext4 分区。可使用如下命令：

```
[root@localhost ~]#mkfs  -text4  /dev/sdb6
```

（2）文件和目录权限管理

Red Hat Enterprise Linux 中的每个文件和目录都有其拥有者（Owner）、组（Group）和其他用户（Others）的访问许可权限等属性。文件和目录的访问权限有只读、可写和可执行三种。只读表示允许查看文件内容、显示目录列表。可写表示允许修改文件内容，允许在目录中新建、移动、删除文件或子目录。可执行表示允许运行程序、切换目录。当一个文件被创建时，文件的所有者默认拥有对该文件的读、写和可执行权限。

文件和目录的访问者有三种：文件所有者、同组用户和其他用户。每个文件或目录的访问权限也有三组，即文件属主的读、写和执行，与文件属主同组用户的读、写和执行，系统其他用户的读、写和执行。

查看某一文件的属性，可以使用如下命令，如图 4-9 所示。

```
[root@localhost ~]# ls -l test.sh
-rw-r--r--. 1 root root 0 4月  10 09:44 test.sh
```

图 4-9　查看文件属性

文件的信息含义：第一个字符指定了文件的类型，如果是横线，表示该文件是一个非目录文件。后面 9 个字符每 3 个一组，依次表示文件属主、同组用户、其他用户对文件的访问权限，权限顺序为可读、可写、可执行。如果为横线表示不具备该权限，如图 4-10 所示。

权限项	读	写	执行	读	写	执行	读	写	执行
字符表示	r	w	x	r	w	x	r	w	x
数字表示	4	2	1	4	2	1	4	2	1
权限分配	文件所有者			文件所属组			其他用户		

图 4-10　Linux 文件权限

用户可以使用 chown、chgrp、chmod 等命令规定自己主目录下文件的权限，以保护自己的数据和信息。

①chown

格式：chown　［选项］　用户名［：组群名称］　文件名

功能：改变文件或目录的拥有者，只有文件或目录的所有者和 root 用户能使用此命令。

常用选项：

-R　递归更改所有文件及子目录。

例 4-3：将 hello. sh 的所有者和所属群组更改为 root 用户组和 root 组群。

```
[root@localhost ~]#chown root:root  hello.sh
```

②chgrp

格式：chgrp　［选项］　组群名　文件或目录名称

功能：改变文件或目录的所属组，只有文件或目录的所有者和 root 用户能使用此命令。

例 4-4：将当前目录下的 a. txt 文件的所属组更改为 root。

```
[root@localhost ~]# chgrp  root  a.txt
```

③chmod

格式：chmod ［选项］ 权限参数 文件或目录名

功能：修改文件权限，只有文件属主和 root 用户可使用此命令。

常用选项：

-R 递归更改所有文件及子目录。

权限参数：

a. 英文字母表示法。

chmod ［ugoa］ ［+-=］ ［rwx］ 文件或目录

其中 u、g、o、a 分别表示属主、属组、其他用户、所有用户，+、-、= 分别表示增加、去除、设置权限，r、w、x 分别表示可读、可写、可执行。

b. 数字表示法。

chmod nnn 文件或目录

其中 nnn 为八进制数来表示文件或目录的权限。

例 4-5：删除用户对 file1 的可执行权限。

```
[root@localhost ~]#chmod  u-x  file1
```

例 4-6：设置同组用户对 file1 文件增加权限为能读写，其他用户则只能读。

```
[root@localhost ~]#chmod  g+rw,o+r  file1
```

例 4-7：更改 a. txt 文件的权限为所有者和同组用户可读，但不能写和执行，其他用户对此文没有任何权限。

```
[root@localhost ~]#chmod  440  a.txt
```

4.3 文件系统的挂载

每个文件系统都会提供一个根目录，该文件系统中的所有文件就存储在这个根目录下。在 Red Hat Enterprise Linux 系统中只有一个根目录，不允许有其他的根目录。因此 Red Hat Enterprise Linux 中使用某个磁盘空间的根目录与其中所有文件，必须将该文件系统挂载到根文件系统的某一个目录下。挂载文件系统时，必须以设备文件（如/dev/sda5）来指定要挂载的文件系统，以及一个挂载点的目录。挂载点必须是一个已经存在的目录，一般在挂载之前使用 mkdir 先创建挂载点。如果把现有目录当作挂载点，此目录最好为空目录，否则新安装的文件系统会暂时覆盖安装点的文件系统，该目录原有文件将不可读写。挂载外围设备时一般将挂载点放在/mnt 下。完成挂载后，Red Hat Enterprise Linux 就会知道在某个挂载点目录下的文件，实际上存放于某个文件系统中。当调用挂载点目录中的文件时，Red Hat Enterprise Linux 会转到该文件系统上找寻文件。

（1）挂载文件系统

使用 mount 命令可以将指定分区、光盘、U 盘或是移动硬盘挂载到 Linux 系统的目录下。

格式：mount　［选项］　［设备］　［挂载点］

功能：把文件系统挂载到系统中。

常用选项：

-t <文件系统类型>　指定设备的文件系统类型，如 xfs、ext4、vfat、nfs、iso9660、ntfs 等。

-a　挂载/etc/fstab 文件中定义的所有文件系统。

-r　以只读方式挂载文件系统。

-w　以读写方式挂载文件系统。

-o <挂载选项>　指定挂载文件系统时的挂载选项，如表 4-3 所示。

表 4-3　挂载选项

挂载选项	描述
defaults	相当于 rw、suid、dev、exec、auto、nouser、async 挂载选项
ro	以只读方式挂载
rw	以读写方式挂载
nouser	禁止普通用户挂载文件系统
user	允许普通用户挂载文件系统
users	允许每一个用户挂载和卸载文件系统
remount	尝试重新挂载一个已挂载的文件系统
owner	如果用户是设备的拥有者，允许一个普通的用户挂载该文件系统
exec	在挂载的文件系统上允许直接执行二进制文件
noexec	在挂载的文件系统上不允许直接执行任何二进制文件
atime	在文件系统上更新 inode 访问时间
noatime	在文件系统上不更新 inode 访问时间
auto	能够使用-a 选项挂载
noauto	只能显示挂载
suid	允许设置用户标识或设置组标识符位才能生效
nosuid	不允许设置用户标识或设置组标识符位才能生效

例 4-8：挂载磁盘分区/dev/sdb6 到目录/mnt/tmp 中。

```
[root@localhost ~]#mkdir  /mnt/tmp
[root@localhost ~]#mount  -text4  /dev/sdb6  /mnt/tmp
```

例 4-9：挂载光盘。

```
[root@localhost ~]# mkdir  /mnt/cdrom
[root@localhost ~]#mount  /dev/cdrom  /mnt/cdrom
```

(2) 卸载文件系统

使用 umount 命令可以将指定分区、光盘、U 盘或是移动硬盘进行卸载。

格式：umount [选项] [设备 | 挂载点]

功能：卸载文件系统。

常用选项：

-a 卸载/etc/fstab 文件中定义的所有文件系统。

-f 以强制方式卸载文件系统。

例 4-10：卸载磁盘分区/dev/sdb6 文件系统。

```
[root@localhost ~]#umount  /dev/sdb6
```

例 4-11：通过卸载挂载点卸载光盘的文件系统。

```
[root@localhost ~]# umount  /mnt/cdrom
```

(3) 查看磁盘分区挂载

要查看 Linux 系统上的磁盘分区挂载情况，可以使用 df 命令来获取信息。使用 df 命令可以显示每个文件所在的文件系统信息，检查文件系统的磁盘空间使用情况等。

格式：df [选项] [文件]

功能：查看文件系统信息。

常用选项：

-a 显示所有文件系统，包括虚拟文件系统。

-T 显示文件系统类型。

-t<文件系统类型> 只显示指定文件系统类型的信息。

-h 以可读性较高的方式来显示信息。

详细显示磁盘空间使用情况和文件系统类型，如图 4-11 所示。

```
[root@localhost ~]#df  -hT
```

```
文件系统                 类型      容量  已用  可用 已用% 挂载点
/dev/mapper/rhel-root  xfs        18G  3.7G   14G   21% /
devtmpfs               devtmpfs  985M     0  985M    0% /dev
tmpfs                  tmpfs     994M   84K  994M    1% /dev/shm
tmpfs                  tmpfs     994M  8.9M  986M    1% /run
tmpfs                  tmpfs     994M     0  994M    0% /sys/fs/cgroup
/dev/sda1              xfs       497M  119M  379M   24% /boot
/dev/sr0               iso9660   4.0G  4.0G     0  100% /run/media/root/RHEL-7.0
Server.x86_64
```

图 4-11 显示磁盘情况

显示 XFS 文件系统类型磁盘空间使用情况，如图 4-12 所示。

```
[root@localhost ~]#df  -t  xfs
```

```
文件系统                  1K-块     已用     可用 已用% 挂载点
/dev/mapper/rhel-root 18348032 3851408 14496624   21% /
/dev/sda1               508588  121452   387136   24% /boot
```

图 4-12 显示 XFS 文件系统磁盘使用情况

查看/dev/sdb5 磁盘分区的磁盘空间使用情况，如图 4-13 所示。

```
[root@localhost ~]#df  /dev/sdb5
```

```
[root@localhost ~]# df  /dev/sdb5
文件系统          1K-块   已用     可用  已用% 挂载点
devtmpfs        1008468      0 1008468     0% /dev
```

图 4-13　查看/dev/sdb5 磁盘情况

（4）永久挂载文件系统

关闭系统后，Red Hat Enterprise Linux 会卸载所有已经挂载的文件系统。下次开机后，Red Hat Enterprise Linux 无法把卸载掉的文件系统重新挂载起来，如果要实现每次开机自动挂载文件系统，可以通过编辑/etc/fstab 文件来实现。使用以下命令查看/etc/fstab 文件的内容，如图 4-14 所示。

```
[root@localhost ~]#cat /etc/fstab
```

```
#
# /etc/fstab
# Created by anaconda on Thu Mar 15 08:51:37 2018
#
# Accessible filesystems, by reference, are maintained under '/dev/disk'
# See man pages fstab(5), findfs(8), mount(8) and/or blkid(8) for more info
#
/dev/mapper/rhel-root   /                       xfs     defaults        1 1
UUID=560d5c7f-8727-44ae-8f99-dbbe28844571 /boot                   xfs     defaul
ts        1 2
/dev/mapper/rhel-swap   swap                    swap    defaults        0 0
```

图 4-14　显示/etc/fstab 文件

/etc/fstab 文件的语法是：device、mount_ point、fs_ type、mount_ options、fs_ dump、fs_ pass。每个字段的含义如表 4-4 所示。

表 4-4　/etc/fstab 文件语法含义

名称	含义
device	可以使用设备名和 UUID 来指定设备
mount_ point	指定设备的挂载点
fs_ type	指定设备或磁盘分区的文件系统类型
mount_ options	指定设备或磁盘分区的挂载选项，如表 4-3 所示
fs_ dump	是否要备份文件系统，以及备份的频率。1 为需要备份，0 为不做备份
fs_ pass	是否检查文件系统，以及检查顺序。0 为不检查文件系统，非 0 正整数代表要检查

要实现开机自动挂载文件系统，需要在/etc/fstab 文件中添加该磁盘分区的相关信息，设置完重启系统后，文件系统会自动挂载，例如使/dev/sda6 开机时自动挂载到/mnt/tmp 目录下，编辑/etc/fstab 文件，在末尾增加一行：/dev/sda6　/mnt/tmp ext4 defaults 0　0 即可。

习题

1. 简述 Linux 系统磁盘格式化的含义。
2. 简述 Linux 系统常用的文件系统类型。
3. 简述 Linux 系统中文件和目录的访问权限。
4. 简述 Linux 系统中挂载的含义。

第5章

逻辑卷管理

逻辑磁盘卷管理LVM（Logical Volume Manager）是Red Hat Enterprise Linux 7对磁盘分区进行管理，LVM是建立在硬盘和分区之上的一个逻辑层，能提高磁盘分区管理的灵活性，如：将若干个磁盘分区连接为一个整块的卷组（Volume Group），形成一个存储池，在卷组上任意创建逻辑卷组（Logical Volumes），并进一步在逻辑卷组上创建文件系统。系统管理员通过LVM可以方便地调整存储卷组的大小，并对磁盘存储按照组的方式进行命名、管理和分配。下面介绍LVM的专用术语，图5-1所示为示意图。

①物理存储介质（Physical Media）

物理存储介质是系统的存储设备：硬盘或分区，如/dev/sda5等，是存储系统最底层的存储单元。

②物理卷（Physical Volume，PV）

物理卷是指硬盘分区或从逻辑上与磁盘分区具有同样功能的设备，是LVM基本存储逻辑块，包含与LVM相关的管理参数。

③卷组（Volume Group，VG）

卷组是类似于非LVM系统中的物理磁盘。LVM卷组由一个或多个物理卷组成。

④逻辑卷（Logical Volume，LV）

逻辑卷是类似于非LVM系统中的硬盘分区。在逻辑卷上可以建立文件系统。

⑤物理块（Physical Extent，PE）

每个物理卷被划分为称为物理块的基本单元，PE的默认大小为4MB。

⑥逻辑块（Logical Extent，LE）

逻辑卷被划分为称为逻辑块的基本单元，在同一个卷组中，LE的大小和PE的大小是相同的，且一一对应。

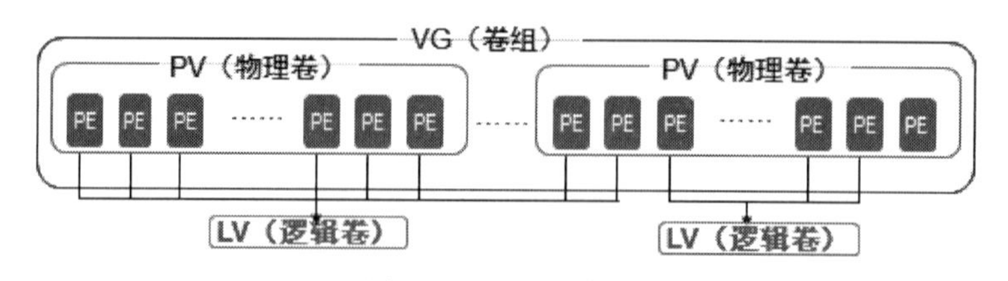

图5-1　LVM示意图

5.1 建立逻辑卷

(1) 创建分区

使用分区工具（如 fdisk 等）创建 LVM 分区，方法和创建其他磁盘分区的方式是一样的。创建 800M 大小的逻辑分区/dev/sdb6，如图 5-2 所示。分区创建好后，使用 p 命令查看分区情况，如图 5-3 所示。

```
[root@localhost ~]# fdisk  /dev/sdb
欢迎使用 fdisk (util-linux 2.23.2)。

更改将停留在内存中，直到您决定将更改写入磁盘。
使用写入命令前请三思。


命令(输入 m 获取帮助)：n
Partition type:
   p   primary (1 primary, 1 extended, 2 free)
   l   logical (numbered from 5)
Select (default p): l
添加逻辑分区 6
起始 扇区 (2873344-83886079，默认为 2873344)：
将使用默认值 2873344
Last 扇区, +扇区 or +size{K,M,G} (2873344-83886079，默认为 83886079)：+800M
分区 6 已设置为 Linux 类型，大小设为 800 MiB
```

图 5-2 创建分区

```
命令(输入 m 获取帮助)：p

磁盘 /dev/sdb：42.9 GB, 42949672960 字节，83886080 个扇区
Units = 扇区 of 1 * 512 = 512 bytes
扇区大小(逻辑/物理)：512 字节 / 512 字节
I/O 大小(最小/最佳)：512 字节 / 512 字节
磁盘标签类型：dos
磁盘标识符：0xf078a5f7

   设备 Boot      Start         End      Blocks   Id  System
/dev/sdb1            2048     1230847      614400   83  Linux
/dev/sdb2         1230848    83886079    41327616    5  Extended
/dev/sdb5         1232896     2871295      819200   83  Linux
/dev/sdb6         2873344     4511743      819200   83  Linux
```

图 5-3 查看分区情况

保存退出后，需要重启系统，使分区生效。

(2) 创建物理卷

使用 pvcreate DEVICE 将分区修改为 LVM 的物理卷，如图 5-4 所示。

```
[root@localhost ~]# pvcreate  /dev/sdb6
  Physical volume "/dev/sdb6" successfully created
```

图 5-4 创建物理卷

(3) 创建卷组

有了物理卷后，就可以用来建立卷组。LVM 的每一个卷组都是由一个或多个物理卷

组合而成的，要建立卷组可以使用 vgceate 命令。

格式：vgcreate［选项］　［卷组名］　［物理卷］

功能：建立卷组。

常用选项：

-s <物理块大小>　创建卷组时指定 PE 块的大小，默认为 4MB。

在/dev/sdb6 物理卷上创建卷组 vg0，PE 大小为 8M，如图 5-5 所示。

```
[root@localhost ~]# vgcreate -s 8M vg0  /dev/sdb6
  Volume group "vg0" successfully created
```

图 5-5　创建卷组

（4）创建逻辑卷

卷组创建完成后，就可以从卷组中划分一块空间作为逻辑卷。创建逻辑卷使用 lvcreate 命令。

格式：lvcreate［选项］　［逻辑卷名］　［卷组名］

功能：建立逻辑卷。

常用选项：

-L <逻辑卷大小>　指定逻辑卷的大小，单位为 KB、MB、GB 等。

-l <逻辑卷大小>　指定逻辑卷的大小，单位是为 PE 的块数。

-n　指定逻辑卷的名字。

在卷组 vg0 上建立大小为 200M，名为 lv0 的逻辑卷，如图 5-6 所示。

```
[root@localhost ~]# lvcreate  -L  200M  -n  lv0  vg0
  Logical volume "lv0" created
```

图 5-6　创建逻辑卷

（5）创建文件系统

当逻辑卷创建完成后，要能够被识别和使用，必须创建文件系统，文件系统格式使用 ext4，如图 5-7 所示。

```
[root@localhost ~]# mkfs  -t   ext4    /dev/vg0/lv0
mke2fs 1.42.9 (28-Dec-2013)
文件系统标签=
OS type: Linux
块大小=1024 (log=0)
分块大小=1024 (log=0)
Stride=0 blocks, Stripe width=0 blocks
51200 inodes, 204800 blocks
10240 blocks (5.00%) reserved for the super user
第一个数据块=1
Maximum filesystem blocks=33816576
25 block groups
8192 blocks per group, 8192 fragments per group
2048 inodes per group
Superblock backups stored on blocks:
        8193, 24577, 40961, 57345, 73729

Allocating group tables: 完成
正在写入inode表: 完成
Creating journal (4096 blocks): 完成
Writing superblocks and filesystem accounting information: 完成
```

图 5-7　创建文件系统

(6) 挂载文件系统

创建了文件系统后，就可以挂载并使用它。创建挂载点/data，如图 5-8 所示。

```
[root@localhost ~]# mkdir  /data
[root@localhost ~]# mount   /dev/vg0/lv0   /data
```

图 5-8　挂载文件系统

5.2 管理逻辑卷

(1) 查看卷信息

查看物理卷使用 pvdisplay 命令，如图 5-9 所示。查看卷组使用 vgdisplay 命令，如图 5-10 所示。查看逻辑卷使用 lvdisplay 命令，如图 5-11 所示。

```
[root@localhost ~]# pvdisplay  /dev/sdb6
  --- Physical volume ---
  PV Name               /dev/sdb6
  VG Name               vg0
  PV Size               800.00 MiB / not usable 8.00 MiB
  Allocatable           yes
  PE Size               8.00 MiB
  Total PE              99
  Free PE               74
  Allocated PE          25
  PV UUID               FVpSse-Hsgz-eixy-FN8N-lD2c-GUyn-cAhtRl
```

图 5-9　查看物理卷

```
[root@localhost ~]# vgdisplay   /dev/vg0
  --- Volume group ---
  VG Name               vg0
  System ID
  Format                lvm2
  Metadata Areas        1
  Metadata Sequence No  2
  VG Access             read/write
  VG Status             resizable
  MAX LV                0
  Cur LV                1
  Open LV               1
  Max PV                0
  Cur PV                1
  Act PV                1
  VG Size               792.00 MiB
  PE Size               8.00 MiB
  Total PE              99
  Alloc PE / Size       25 / 200.00 MiB
  Free  PE / Size       74 / 592.00 MiB
  VG UUID               ztiENc-Z22t-pDU3-D6iA-sYVa-eND3-5kqtI0
```

图 5-10　查看卷组

```
[root@localhost ~]# lvdisplay   /dev/vg0/lv0
  --- Logical volume ---
  LV Path                /dev/vg0/lv0
  LV Name                lv0
  VG Name                vg0
  LV UUID                FdqoWt-9V89-EfbM-kaWm-4LPL-9t0n-skJUen
  LV Write Access        read/write
  LV Creation host, time localhost.localdomain, 2018-04-17 08:59:15 +0800
  LV Status              available
  # open                 1
  LV Size                200.00 MiB
  Current LE             25
  Segments               1
  Allocation             inherit
  Read ahead sectors     auto
  - currently set to     8192
  Block device           253:2
```

图 5-11　查看逻辑卷

（2）调整 LVM 卷

LVM 最大的优势是可以弹性地调整卷组与逻辑卷的空间。LVM 调整的是卷组和逻辑卷的空间，而不是物理卷的大小。

①调整卷组

要放大卷组，需要额外的物理卷，使用 pvcreate 命令创建物理卷，使用 vgextend 命令把要增加的物理卷加入到既有的卷组中，如图 5-12 所示。使用 vgdisplay 显示扩大后的卷组的信息，如图 5-13 所示。如果缩小卷组，使用 vgreduce 命令把卷组的物理卷卸载，如图 5-14 所示。缩小后的卷组情况如图 5-15 所示。

```
[root@localhost ~]# pvcreate /dev/sdb5
  Physical volume "/dev/sdb5" successfully created
[root@localhost ~]# vgextend  vg0  /dev/sdb5
  Volume group "vg0" successfully extended
```

图 5-12　扩大卷组

```
[root@localhost ~]# vgdisplay  /dev/vg0
  --- Volume group ---
  VG Name               vg0
  System ID
  Format                lvm2
  Metadata Areas        2
  Metadata Sequence No  3
  VG Access             read/write
  VG Status             resizable
  MAX LV                0
  Cur LV                1
  Open LV               1
  Max PV                0
  Cur PV                2
  Act PV                2
  VG Size               1.55 GiB
  PE Size               8.00 MiB
  Total PE              198
  Alloc PE / Size       25 / 200.00 MiB
  Free  PE / Size       173 / 1.35 GiB
  VG UUID               ztiENc-Z22t-pDU3-D6iA-sYVa-eND3-5kqtI0
```

图 5-13　扩大后的卷组信息

```
[root@localhost ~]# vgreduce  vg0  /dev/sdb5
  Removed "/dev/sdb5" from volume group "vg0"
```

图 5-14　缩小卷组

```
[root@localhost ~]# vgdisplay   /dev/vg0
  --- Volume group ---
  VG Name               vg0
  System ID
  Format                lvm2
  Metadata Areas        1
  Metadata Sequence No  4
  VG Access             read/write
  VG Status             resizable
  MAX LV                0
  Cur LV                1
  Open LV               1
  Max PV                0
  Cur PV                1
  Act PV                1
  VG Size               792.00 MiB
  PE Size               8.00 MiB
  Total PE              99
  Alloc PE / Size       25 / 200.00 MiB
  Free  PE / Size       74 / 592.00 MiB
  VG UUID               ztiENc-Z22t-pDU3-D6iA-sYVa-eND3-5kqtI0
```

图 5-15　缩小后的卷组信息

②调整逻辑卷

调整逻辑卷的规则：先放大逻辑卷，再放大文件系统。先缩小文件系统，再缩小逻辑卷。放大逻辑卷可以使用 lvextend，缩小逻辑卷可以使用 lvreduce。如果使用的是 ext4 文件系统，可以使用命令 resize2fs 来调整文件系统。由于 resize2fs 仅支持离线缩小，所以在缩小 ext4 文件系统时，需要先卸载 ext4 文件系统，确保文件系统的使用量必须小于缩小后的大小。

以下是将原有的 200M 大小的 lv0，扩展大小为 300M，如图 5-16 所示。

```
[root@localhost ~]# df  -Th  |grep  /data
/dev/mapper/vg0-lv0   ext4     190M  1.6M  175M   1% /data
[root@localhost ~]# lvextend  -L  300M   /dev/vg0/lv0
  Rounding size to boundary between physical extents: 304.00 MiB
  Extending logical volume lv0 to 304.00 MiB
  Logical volume lv0 successfully resized
[root@localhost ~]# resize2fs  -p   /dev/vg0/lv0
resize2fs 1.42.9 (28-Dec-2013)
Filesystem at /dev/vg0/lv0 is mounted on /data; on-line resizing required
old_desc_blocks = 2, new_desc_blocks = 3
The filesystem on /dev/vg0/lv0 is now 311296 blocks long.

[root@localhost ~]# df -Th |grep  /data
/dev/mapper/vg0-lv0   ext4     291M  2.1M  271M   1% /data
```

图 5-16　放大逻辑卷

以下是将大小为 300M 的 lv0，缩小为 150M。先缩小文件系统，如图 5-17 所示。再缩小逻辑卷，如图 5-18 所示。图 5-19 显示为缩小后的挂载点情况。

（3）卸载卷

卸载物理卷可以使用 pvremove 命令，卸载卷组可以使用 vgremove 命令，卸载逻辑卷

```
[root@localhost ~]# umount  /data
[root@localhost ~]# fsck -f  /dev/vg0/lv0
fsck，来自 util-linux 2.23.2
e2fsck 1.42.9 (28-Dec-2013)
第一步：检查inode,块,和大小
第二步：检查目录结构
第3步：检查目录连接性
Pass 4: Checking reference counts
第5步：检查簇概要信息
/dev/mapper/vg0-lv0: 11/77824 files (0.0% non-contiguous), 15987/311296 blocks
[root@localhost ~]# resize2fs  -p   /dev/vg0/lv0  150M
resize2fs 1.42.9 (28-Dec-2013)
Resizing the filesystem on /dev/vg0/lv0 to 153600 (1k) blocks.
Begin pass 3 (max = 38)
正在扫描inode表          XXXXXXXXXXXXXXXXXXXXXXXXXXXXXXXXXXXXXXXX
The filesystem on /dev/vg0/lv0 is now 153600 blocks long.
```

图 5-17　缩小文件系统

```
[root@localhost ~]# lvreduce  -L  150M   /dev/vg0/lv0
  Rounding size to boundary between physical extents: 152.00 MiB
  WARNING: Reducing active logical volume to 152.00 MiB
  THIS MAY DESTROY YOUR DATA (filesystem etc.)
Do you really want to reduce lv0? [y/n]: y
  Reducing logical volume lv0 to 152.00 MiB
  Logical volume lv0 successfully resized
```

图 5-18　缩小逻辑卷

```
[root@localhost ~]# mount -a
[root@localhost ~]# df  -Th |grep  /data
/dev/mapper/vg0-lv0 _ ext4      142M  1.6M  130M    2% /data
```

图 5-19　查看挂载点

可以使用 lvremove 命令，如图 5-20 所示。卸载逻辑卷前，先卸载逻辑卷所在的目录挂载点，并且做好备份。由于文件系统是建立在逻辑卷上，卸载逻辑卷后，文件系统中的所有文件都将会消失。卸载卷组前，先卸载所有使用到该卷组的逻辑卷。卸载物理卷前，确保没有任何卷组使用到该物理卷。

```
[root@localhost ~]# umount  /data
[root@localhost ~]# lvremove  /dev/vg0/lv0
Do you really want to remove active logical volume lv0? [y/n]: y
  Logical volume "lv0" successfully removed
[root@localhost ~]# vgremove  /dev/vg0
  Volume group "vg0" successfully removed
[root@localhost ~]# pvremove  /dev/sdb6
  Labels on physical volume "/dev/sdb6" successfully wiped
```

图 5-20　卸载卷

习题

1. 简述 Linux 系统中 LVM 机制。
2. 简述建立 LVM 卷的过程。
3. 简述如何卸载一个物理卷、卷组及逻辑卷。
4. 简述如何缩小和扩大卷组和逻辑卷。

第6章 软件和服务管理

6.1 软件管理

6.1.1 RPM 软件包管理

Red Hat Enterprise Linux 软件包管理器 RPM（Red Hat Package Manager）是一种开放的软件包管理系统，可以运行于各种 Linux 系统之上。一个软件可以是一个独立的软件包，也可以是由多个软件包组成的。安装一个软件需要使用许多软件包，而大部分的软件包之间又有相互依赖的关系。RPM 简化了 Linux 系统安装、卸载、更新和升级的过程，只需要使用简短的命令就可以完成整个过程。RPM 维护一个记录已安装软件的软件信息数据库，供用户在系统上查询和校验软件包功能。使用 rpm 命令可以在 Linux 中安装、删除、刷新、升级、查询 RPM 软件包。

格式：rpm　[选项]　[RPM 软件包名]

常用选项的含义如表 6-1 所示。

表 6-1　RPM 命令常用选项含义

选项	含义
-i	安装软件包
-v	输出详细信息
-h	安装软件包时打印哈希标记
-replacepkge	无论软件包是否已被安装，都重新安装软件
-test	只对安装进行测试，并不实际安装
-nodeps	不验证软件包的依赖关系
-force	忽略软件包和文件的冲突
-percent	以百分比的形式输出安装的进度

续表

选项	含义
-excludedocs	不安装软件包中的文档文件
-ignorearch	不验证软件包的架构
-ignoresize	在安装之前不检查磁盘空间
-justdb	更新数据库，但不修改文件系统
-nofiledigest	不验证文件摘要
-noscripts	不执行软件包的脚步
-replacefiles	忽略软件包之间的文件冲突
-e	删除软件包
-U	升级软件包
-F	刷新软件包
-oldpackage	升级旧版本的软件包
-q	查询软件包
--initdb	初始化 RPM 数据库
--rebulddb	从安装数据包头文件重建 RPM 数据库

（1）安装 RPM 软件包

将目录切换到镜像文件软件包目录下，如图 6-1 所示。使用“rpm-ivh”命令安装 bind-9. 9. 4-29. el7. x86_64. rpm，并显示安装过程中的详细信息和进度，如图 6-2 所示。

```
[root@localhost ~]# cd  /run/media/root/RHEL-7.0\ Server.x86_64/Packages/
```

图 6-1　切换目录

```
[root@localhost Packages]# rpm  -ivh  bind-9.9.4-14.el7.x86_64.rpm
警告：bind-9.9.4-14.el7.x86_64.rpm: 头 V3 RSA/SHA256 Signature, 密钥 ID fd431d51: NOKEY
准备中...                          ################################# [100%]
正在升级/安装...
   1:bind-32:9.9.4-14.el7             ################################# [100%]
```

图 6-2　安装软件包

（2）升级和刷新 RPM 软件包

使用“rpm -Uvh”命令升级 bind-9. 9. 4-29. el7. x86_64. rpm，并显示详细信息。

```
[root@localhost Packages]# rpm  -Uvh  bind-9.9.4-14.el7.x86_64.rpm
```

升级软件包实际上是删除和安装的组合。不管该软件包的早期版本是否已经安装，升级选项都会安装该软件包。

使用“rpm -Fvh”命令刷新 bind-9. 9. 4-29. el7. x86_64. rpm，并显示详细信息。

```
[root@localhost Packages]# rpm  -Fvh  bind-9.9.4-14.el7.x86_64.rpm
```

刷新软件包时系统会比较指定的软件包的版本和系统上已安装的版本，如果软件包先前没有安装，刷新将不会安装该软件包。

(3) 删除 RPM 软件包

使用“rpm -e”命令删除 bind-9. 9. 4-29. el7. x86_64. rpm。

```
[root@localhost Packages]# rpm  -e  bind-9.9.4-14.el7.x86_64.rpm
```

在删除软件包时会遇到依赖关系错误。当另一个已安装的软件包依赖于用户试图删除的软件包时，依赖关系就会发生错误。此时可以使用-nodeps 选项忽略这个错误并强制删除该软件包，但是依赖于它的软件包也可能无法正常运行了。

(4) 查询 RPM 软件包

①查询指定软件包是否已安装

使用“rpm -q”命令查询 bind 软件包是否已安装，如图 6-3 所示。

```
[root@localhost Packages]# rpm  -q bind
bind-9.9.4-14.el7.x86_64
```

图 6-3　查看指定软件包是否已安装

显示此软件包已安装。

②查询所有已安装的软件包

使用“rpm -qa”命令查询所有已安装的软件包，如图 6-4 所示。

```
[root@localhost Packages]# rpm  -qa
lvm2-python-libs-2.02.105-14.el7.x86_64
snappy-1.1.0-3.el7.x86_64
jettison-1.3.3-4.el7.noarch
openssh-clients-6.4p1-8.el7.x86_64
system-config-printer-1.4.1-16.el7.x86_64
redhat-release-server-7.0-1.el7.x86_64
```

图 6-4　查看所有已安装的软件包

③查询已安装软件包描述信息

使用“rpm -qi”查看 crontabs 软件包的描述信息，如图 6-5 所示。

```
[root@localhost Packages]# rpm  -qi  crontabs
Name        : crontabs
Version     : 1.11
Release     : 6.20121102git.el7
Architecture: noarch
Install Date: 2018年03月15日 星期四 17时02分59秒
Group       : System Environment/Base
Size        : 3700
License     : Public Domain and GPLv2
Signature   : RSA/SHA256, 2014年04月01日 星期二 22时21分42秒, Key ID 199e2f91fd431d51
Source RPM  : crontabs-1.11-6.20121102git.el7.src.rpm
Build Date  : 2013年12月28日 星期六 03时08分27秒
Build Host  : x86-019.build.eng.bos.redhat.com
```

图 6-5　查看 crontabs 信息

④查询已安装软件包所包含的文件

使用“rpm -ql”查看 crontabs 软件包的文件列表，如图 6-6 所示。

```
[root@localhost Packages]# rpm  -ql  crontabs
/etc/cron.daily
/etc/cron.hourly
/etc/cron.monthly
/etc/cron.weekly
/etc/crontab
/etc/sysconfig/run-parts
/usr/bin/run-parts
/usr/share/man/man4/crontabs.4.gz
/usr/share/man/man4/run-parts.4.gz
```

图 6-6　查看文件列表

6.1.2　Yum 的使用

YUM（Yellow dog Updater Modified）是一个基于 RPM 却胜于 RPM 的管理工具，其目标就是自动化地升级、安装和删除 RPM 软件包，收集软件包的相关信息，检查依赖性并一次性安装所有依赖的软件包。YUM 包含下列 3 个组件。

（1）YUM 源

把所有 RPM 文件放在同一个目录中，这个目录就可称为 YUM 下载源。也可以把 YUM 源通过 HTTP、FTP 等方式分享给其他计算机使用。也可以使用别人建好的 YUM 源来取得需安装的软件。

（2）设置 YUM

YUM 的配置文件可以分为两种：一是 YUM 工具的配置文件，二是 YUM 下载源的定义文件。YUM 工具的配置文件为/etc/yum.conf。YUM 下载源的定义文件存储在/etc/yum.repos.d/目录下，以.repo 为扩展名。下面是 YUM 源的案例，文件名为 /etc/yum.repos.d/iso.repo。

```
[iso]                        \\ YUM 源名称
enabled=1                    \\ 启用 YUM 源，0 为禁用
name=iso                     \\ 定义 YUM 源的名字
baseurl=file:///mnt/iso\\ 指定 YUM 源的 URL 地址
gpgcheck=0                   \\ 不检查 RPM 软件包的数字签名，1 为检查数字签名
```

（3）yum 命令

yum 命令是 YUM 系统的管理工具，可以安装、更新、删除、显示软件包，自动地进行系统更新，基于软件仓库的元数据分析，解决软件包间的依赖关系。

①列出软件包

如果需要列出 YUM 下载源中的软件和 Red Hat Enterprise Linux 7 中的软件，可以执行“yum list”命令。使用“yum list”列出已安装的软件包中名称符合“system-config-*”的软件包，如图 6-7 所示。

②清除缓存

在 YUM 系统中会建立一个名为 YUM 缓存的空间，用来存储一些 YUM 的数据，提高 YUM 的执行效率。YUM 默认会先使用 YUM 缓存来获得软件的相关信息或软件包。有时 YUM 运行不正常，有可能是 YUM 缓存错误造成的，可以使用“yum clean all”来清除 YUM 缓存，如图 6-8 所示。

```
[root@localhost ~]# yum list  system-config-*
已加载插件：langpacks, product-id, subscription-manager
This system is not registered to Red Hat Subscription Management. You can use subscrip
tion-manager to register.
Repodata is over 2 weeks old. Install yum-cron? Or run: yum makecache fast
已安装的软件包
system-config-printer.x86_64                1.4.1-16.el7            @anaconda/7.0
system-config-printer-libs.noarch           1.4.1-16.el7            @anaconda/7.0
system-config-printer-udev.x86_64           1.4.1-16.el7            @anaconda/7.0
system-config-users.noarch                  1.3.5-2.el7             @iso
system-config-users-docs.noarch             1.0.9-6.el7             @iso
可安装的软件包
system-config-date.noarch                   1.10.6-2.el7            iso
system-config-date-docs.noarch              1.0.11-4.el7            iso
system-config-firewall-base.noarch          1.2.29-10.el7           iso
system-config-kdump.noarch                  2.0.13-10.el7           iso
system-config-keyboard.noarch               1.4.0-4.el7             iso
system-config-keyboard-base.noarch          1.4.0-4.el7             iso
system-config-kickstart.noarch              2.9.2-4.el7             iso
system-config-language.noarch               1.4.0-6.el7             iso
```

图 6-7　列出软件包

```
[root@localhost ~]# yum clean all
已加载插件：langpacks, product-id, subscription-manager
This system is not registered to Red Hat Subscription Management. You can use subscrip
tion-manager to register.
正在清理软件源： InstallMedia iso
Cleaning up everything
```

图 6-8　清除 YUM 缓存

③安装软件

如果要安装某个软件，可以使用"yum install"命令来安装。YUM 会自己解决软件间的依赖关系，不需要我们手动处理。使用 yum install 安装 bind 软件，如图 6-9 所示。

```
[root@localhost ~]# yum  install  bind-*  -y
已加载插件：langpacks, product-id, subscription-manager
This system is not registered to Red Hat Subscription Management. You can use su
bscription-manager to register.
iso                                                    | 4.1 kB    00:00
(1/2): iso/group_gz                                     | 134 kB    00:00
(2/2): iso/primary_db                                   | 3.4 MB    00:00
软件包 32:bind-libs-9.9.4-14.el7.x86_64 已安装并且是最新版本
软件包 32:bind-utils-9.9.4-14.el7.x86_64 已安装并且是最新版本
软件包 32:bind-license-9.9.4-14.el7.noarch 已安装并且是最新版本
软件包 32:bind-libs-lite-9.9.4-14.el7.x86_64 已安装并且是最新版本
正在解决依赖关系
--> 正在检查事务
---> 软件包 bind.x86_64.32.9.9.4-14.el7 将被 安装
---> 软件包 bind-chroot.x86_64.32.9.9.4-14.el7 将被 安装
---> 软件包 bind-dyndb-ldap.x86_64.0.3.5-4.el7 将被 安装
--> 解决依赖关系完成

依赖关系解决
================================================================================
 Package            架构          版本                    源           大小
================================================================================
正在安装:
 bind               x86_64        32:9.9.4-14.el7         iso          1.8 M
 bind-chroot        x86_64        32:9.9.4-14.el7         iso           81 k
 bind-dyndb-ldap    x86_64        3.5-4.el7               iso           91 k

事务概要
================================================================================
安装  3 软件包
```

图 6-9　安装 bind 软件

```
总下载量：1.9 M
安装大小：4.5 M
Downloading packages:
--------------------------------------------------------------------------------
总计                                               12 MB/s | 1.9 MB  00:00
Running transaction check
Running transaction test
Transaction test succeeded
Running transaction
  正在安装    : 32:bind-9.9.4-14.el7.x86_64                                  1/3
  正在安装    : 32:bind-chroot-9.9.4-14.el7.x86_64                           2/3
  正在安装    : bind-dyndb-ldap-3.5-4.el7.x86_64                             3/3
  验证中      : 32:bind-9.9.4-14.el7.x86_64                                  1/3
  验证中      : 32:bind-chroot-9.9.4-14.el7.x86_64                           2/3
  验证中      : bind-dyndb-ldap-3.5-4.el7.x86_64                             3/3

已安装:
  bind.x86_64 32:9.9.4-14.el7               bind-chroot.x86_64 32:9.9.4-14.el7
  bind-dyndb-ldap.x86_64 0:3.5-4.el7

完毕！
```

图 6-9　安装 bind 软件（续）

④升级软件

使用“yum update”命令来升级已安装的软件。如果没有要升级的软件，就会出现如图 6-10 所示的信息。

```
[root@localhost ~]# yum  update
已加载插件：langpacks, product-id, subscription-manager
This system is not registered to Red Hat Subscription Management. You can use su
bscription-manager to register.
No packages marked for update
```

图 6-10　升级软件

⑤卸载软件

使用“yum remove”命令来卸载软件。卸载 bind 软件包如图 6-11 所示。

```
[root@localhost ~]# yum remove  bind  -y
已加载插件：langpacks, product-id, subscription-manager
This system is not registered to Red Hat Subscription Management. You can use subscrip
tion-manager to register.
正在解决依赖关系
--> 正在检查事务
---> 软件包 bind.x86_64.32.9.9.4-14.el7 将被 删除

--> 解决依赖关系完成
file:///mnt/iso/repodata/repomd.xml: [Errno 14] curl#37 - "Couldn't open file /mnt/iso
/repodata/repomd.xml"
正在尝试其它镜像。

依赖关系解决

================================================================================
 Package        架构          版本                    源                   大小
================================================================================
正在删除:
 bind           x86_64        32:9.9.4-14.el7         @anaconda/7.0       4.3 M

事务概要
================================================================================
```

图 6-11　卸载软件

```
移除  1 软件包

安装大小：4.3 M
Downloading packages:
Running transaction check
Running transaction test
Transaction test succeeded
Running transaction
警告：RPM 数据库已被非 yum 程序修改。
  正在删除      : 32:bind-9.9.4-14.el7.x86_64                                  1/1
  验证中        : 32:bind-9.9.4-14.el7.x86_64                                  1/1

删除:
  bind.x86_64 32:9.9.4-14.el7

完毕！
```

图 6-11　卸载软件（续）

⑥查看信息

如果想获知某个软件包信息，可以使用“yum info”命令。显示的 system-config -users. noarch 软件包信息如图 6-12 所示。

```
[root@localhost ~]# yum info  system-config-firewall-base.noarch
已加载插件：langpacks, product-id, subscription-manager
This system is not registered to Red Hat Subscription Management. You can use subscrip
tion-manager to register.
file:///mnt/iso/repodata/repomd.xml: [Errno 14] curl#37 - "Couldn't open file /mnt/iso
/repodata/repomd.xml"
正在尝试其它镜像。
可安装的软件包
名称      : system-config-firewall-base
架构      : noarch
版本      : 1.2.29
发布      : 10.el7
大小      : 415 k
源      : iso
简介      :  system-config-firewall base components and command line tool
网址      : http://fedorahosted.org/system-config-firewall
协议      :  GPLv2+
描述      :  Base components of system-config-firewall with lokkit, the command line
          :  tool for basic firewall setup.
```

图 6-12　查看软件包信息

6.2　服务管理

在 Linux 中有一些特殊的程序，启动后就会持续在后台执行，等待用户或其他软件的调用，这类程序称为服务（Service）。

（1）服务种类

①系统服务

服务对象是 Red Hat Enterprise Linux 系统本身，或者 Red Hat Enterprise Linux 系统的用户，比如负责用来监控软件磁盘阵列状态的 mdmonitor 服务，就是一个系统服务。

②网络服务

提供给网络中的其他客户端调用，如网站服务（Web Service）、网络文件系统服务（Networking File System Service）等，都属于网络服务。

③独立系统服务

独立系统服务一经启动，除非关闭系统或管理者手动结束，否则都将在后台执行，不管有没有被调用。独立系统服务具有响应速度快、占用系统资源等特点。

④临时服务

临时服务与独立系统服务不同，平时不会启动，当客户端需要时才会被启动，使用完毕就会结束，响应速度较慢，节省系统资源。

（2）服务管理

Red Hat Enterprise Linux 7 系统使用 systemd 来提供更优秀的框架以表示系统服务间的依赖关系，并实现系统初始化时服务的并行启动，同时降低 Shell 的系统开销，最终替代了现在常用的 system v。在 Red Hat Enterprise Linux 7 之前，服务管理工作是由 system v 通过/etc/rc. d/init. d 目录下的 Shell 脚本来执行的。管理员通过这些脚本可以控制服务的状态。在 Red Hat Enterprise Linux 7 中，这些脚本被服务单元文件替换。在 systemd 中，服务、设备、挂载等资源被统一称为单元，单元文件的扩展名为 . service，可以查看、启动、停止、重启、启用或禁止服务的参数。管理 Linux 系统服务最常使用的是 systemctl 命令，是 Red Hat Enterprise Linux 7 中新的管理服务命令，替代 chkconfig 和 service 命令。

格式：systemctl　［选项］　［单元命令 | 单元文件命令］

选项：

-r　显示主机和本地容器的单元列表。

-a　显示所有加载的单元/属性。

单元命令含义如表 6-2 所示。单元文件命令含义如表 6-3 所示。

表 6-2　　单元命令含义

单元命令	描述
start<名称>	启动单元
stop<名称>	停止单元
status<名称>	查看单元状态
restart<名称>	重启单元
reload<名称>	加载一个或多个单元
list-units<模式>	列出加载的单元

表 6-3　　单元文件命令含义

单元文件命令	描述
list-unit-files<模式>	列出安装的单元文件
enable<名称>	启动一个或多个单元文件
disable<名称>	禁用一个或多个单元文件
is-enabled<名称>	检查单元文件是否启用

例 6-1：启动 sshd 服务。

```
[root@localhost ~]# systemctl  start  sshd.service
```

例 6-2：设置 sshd 服务开机自动启动。

```
[root@localhost ~]# systemctl  enable  sshd.service
```

例 6-3：停止 sshd 服务开机自动启动。

```
[root@localhost ~]# systemctl  disable  sshd.service
```

习题

1. 简述 RPM 软件包管理的用途。
2. 简述升级 RPM 软件包和刷新 RPM 软件包的区别。
3. 简述创建本地 YUM 源的步骤。
4. 简述 Linux 系统中服务的类型。

第7章 网络管理

Red Hat Enterprise Linux 7 中默认的网络服务由 NetworkManager 提供。它是动态控制及配置网络的守护进程，它用于保持当前网络设备及连接处于工作状态，同时也支持传统的 ifcfg 类型的配置文件。要想完成网络配置工作，可以修改相应的配置文件，也可以使用图形界面进行设置。要想完成网络管理工作，可以使用网络管理命令来实现。

7.1 常用网络配置文件

（1）/etc/sysconfig/network-scripts/ifcfg-eno16777736 文件

在 Red Hat Enterprise Linux 7 系统中，系统网络设备的配置文件保存在/etc/sysconfig/network-scripts 目录下，其中文件 ifcfg-eno16777736 包含一块网卡的配置信息，文件 ifcfg-lo 包含本地回环接口信息。文件 ifcfg-eno16777736 内容如下：

```
[root@localhost ~]# cat   /etc/sysconfig/network-scripts/ifcfg
                          -eno16777736
TYPE="Ethernet"         //表示网络类型为以太网
BOOTPROTO="none"     //网卡配置协议，none 表示无需启动协议，bootp 表示使用
                       BOOTP 协议，dhcp 表示使用 DHCP 协议动态获取 IP 地
                       址，static 表示手工设置静态 IP 地址
DEFROUTE="yes"
IPV4_FAILURE_FATAL="no"
IPV6INIT="yes"
IPV6_AUTOCONF="yes"
IPV6_DEFROUTE="yes"
IPV6_FAILURE_FATAL="no"
NAME="eno16777736"
```

```
UUID="b3bf7519-06b3-49cf-96a0-681ac097df3e"  //表示网卡的 UUID
ONBOOT="yes"    //表示启动系统时是否激活网卡，yes 表示激活，no 表示不激活
HWADDR="00:0C:29:28:11:3F"  //表示网卡的 MAC 地址
IPADDR="192.168.10.2"        //表示网卡的 IP 地址
PREFIX="24"                 //表示子网掩码的位数
GATEWAY="192.168.10.1"     //表示网关地址
DNS="192.168.10.2"          //表示 DNS 的地址
IPV6_PEERDNS="yes"
IPV6_PEERROUTES="yes"
```

网卡配置文件设置完成后需要重启系统或使用 systemctl restart network 重启 network-manager 服务才能生效。

(2) /etc/resolv.conf 文件

该文件是由域名解析器使用的配置文件，记录了客户机的域名及域名服务器的 IP 地址。文件/etc/resolv.conf 内容如下：

```
[root@localhost ~]# cat  /etc/resolv.conf
# Generated by NetworkManager
nameserver 192.168.10.2           //表示解析域名时使用该 IP 地址指定的主
                                    机为域名服务器，其中域名服务器是按
                                    照文件中出现的顺序来查询的
search  example.com              //表示 DNS 搜索路径，即解析不完整名称时
                                    默认的附加域名后缀，这样可以在解析名
                                    称时用简短的主机名而不是完全合格域名
                                    (FQDN)
```

(3) /etc/hosts 文件

该文件提供简单、直接的主机名称到 IP 地址之间的转换。当以主机名称来访问一台主机时，系统检查/etc/hosts 文件，并根据该文件将主机名称转换为 IP 地址。文件/etc/hosts 内容如下：

```
[root@localhost ~]# cat  /etc/hosts
127.0.0.1   localhost localhost.localdomain localhost4 localhost4.localdomain4
::1    localhost localhost.localdomain localhost6 localhost6.localdomain6
192.168.10.2     rhel.example.com     rhel
//最左边一列是计算机 IP 地址，中间一列是主机名，最右面的一列都是该主机的
  别名
```

(4) /etc/services 文件

该文件列出系统中所有服务的名称、协议类型、服务的端口等信息。文件/etc/services 内容如下：

```
# /etc/services:
# $ Id: services,v 1.55 2013/04/14 ovasik Exp $
```

```
#
# Network services,Internet style
# IANA services version: last updated 2013-04-10
#
# Note that it is presently the policy of IANA to assign a single well-known
# port number for both TCP and UDP; hence, most entries here have two entries
# even if the protocol doesn't support UDP operations.
# Updated from RFC 1700," Assigned Numbers" (October 1994).Not all ports
# are included,only the more common ones.
#
# The latest IANA port assignments can be gotten from
#       http://www.iana.org/assignments/port-numbers
# The Well Known Ports are those from 0 through 1023.
# The Registered Ports are those from 1024 through 49151
# The Dynamic and/or Private Ports are those from 49152 through 65535
#
# Each line describes one service,and is of the form:
#
# service-name  port/protocol  [aliases...]  [# comment]
//服务名称      端口/协议      别名           注释
tcpmux          1/tcp                         # TCP port service multiplexer
tcpmux          1/udp                         # TCP port service multiplexer
rje             5/tcp                         # Remote Job Entry
rje             5/udp                         # Remote Job Entry
echo            7/tcp
echo            7/udp
discard         9/tcp         sink null
```

(5) /etc/hostname 文件

该文件指定了静态主机名。文件/etc/hostname 内容如下：

```
[root@localhost ~]# cat  /etc/hostname
rhel.example.com     //主机名
```

7.2 图形化界面网络配置

超级用户在桌面环境下单击“应用程序”→“杂项”→“网络连接”菜单，打开网络连接设置窗口，如图 7-1 所示。在此界面，可看到正在使用的连接和未使用的连接等信息，可单击“添加”按钮，增加新的连接。

选中“eno16777736”，单击“编辑”，可以设置连接 eno16777736，如图 7-2 所示。在设置页面，有常规、以太网、802.1X 安全性、DCB、IPv4 设置、IPv6 设置这六个选项页，在 IPv4 设置选项页可以设置地址获取方式、DNS 等信息。

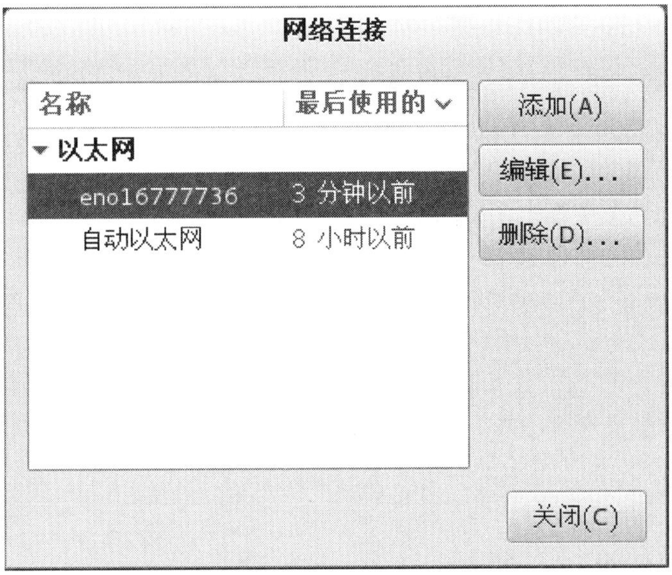

图 7-1　网络连接

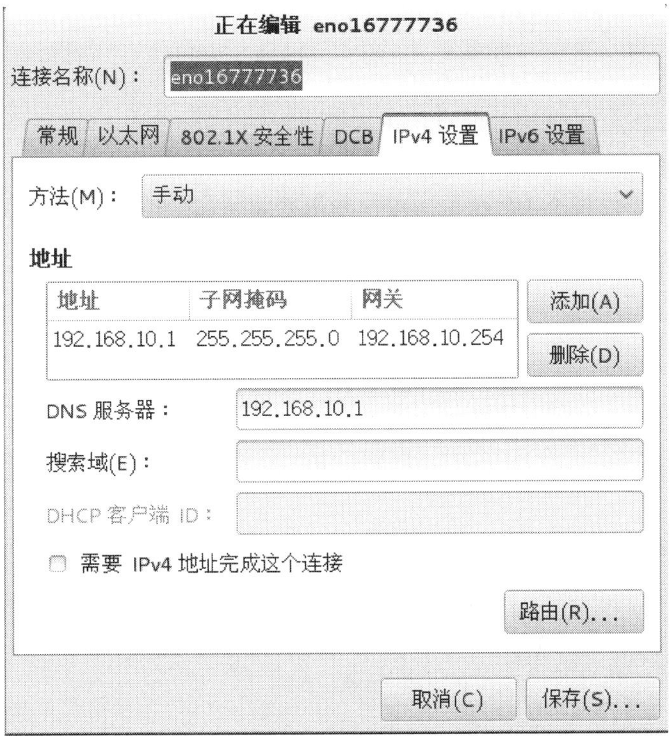

图 7-2　编辑网络连接

7.3 常用网络命令

（1） hostnamectl 命令

格式：hostnamectl set-hostname ［主机名］

功能：修改计算机的主机名。

例 7-1：将当前计算机的主机名设置为 sdcm. com。

```
[root@localhost ~]#hostnamectl set-hostname sdcm.com
[root@localhost ~]#hostname
```

使用 hostnamectl 命令修改主机名，不需要重启系统即可生效，系统会自动创建/etc/hostname 文件，记录刚才修改的主机名信息。使用 hostname 命令查看当前计算机的主机名。

（2） ifconfig 命令

格式：ifconfig ［接口］ ［选项 | IP 地址］

功能：显示和配置网络接口，如 IP 地址、MAC 地址、激活或关闭网络接口。

常用选项：

up　激活指定的网络设备。

down　关闭指定的网络设备。

例 7-2：配置网卡 eno16777736 的 IP 地址，同时激活该设备。

```
[root@localhost ~]#ifconfig  eno16777736  192.168.10.2  netmask 255.255.255.0  up
```

例 7-3：查看所有启动的网卡设备。

```
[root@localhost ~]#ifconfig
```

（3） ping 命令

执行 ping 命令会使用 ICMP 传输协议，发出要求回应的信息，若远端主机的网络功能没有问题，就会回应该信息，因而可得知该主机运作正常。

格式：ping ［选项］ ［IP 地址 | 主机名］

功能：测试与目标主机之间的连通性。

常用选项：

-c <完成次数>　设置完成要求回应的次数。

-f　快速、大量地向目标主机发送数据包。

-i <间隔秒数>　指定收发信息的间隔时间。

-s <数据包大小>　设置数据包的大小。

-t <存活数值>　设置存活数值 TTL 的大小。

-v　详细显示指令的执行过程。

例 7-4：检查本机的网络设备的工作情况。

```
[root@localhost ~]#ping  192.168.10.2
```

（4） nslookup 命令

格式：nslookup ［选项］ ［域名］

功能：查询 DNS 信息。

nslookup 有两种工作模式，即“交互模式”和“非交互模式”。在“交互模式”下，用户可以向域名服务器查询各类主机、域名的信息，或者输出域名中的主机列表。而在“非交互模式”下，用户可以针对一个主机或域名仅仅获取特定的名称或所需信息。进入交互模式，直接输入 nslookup 命令，此时 nslookup 会连接到默认的域名服务器（即/etc/resolv. conf 的第一个 dns 地址）。或者输入 nslookup　nameserver | ip 进入非交互模式。

例 7-5：检查当前主机的 DNS 服务器地址。

```
[root@localhost ~]#nslookup
>server
Default server: 192.168.10.1
Address: 192.168.10.1#53
>
```

（5）traceroute 命令

格式：traceroute　［选项］　［主机 IP 地址或主机名］

功能：显示数据包到主机间的路径。

常用选项：

-m <存活数值>　设置检测数据包的最大存活数值 TTL 的大小。

-n　直接使用 IP 地址而非主机名称。

-s <来源地址>　设置本地主机送出数据包的 IP 地址。

-t <服务类型>　设置检测数据包的 TOS 数值。

-v　详细显示指令的执行过程。

-w <超时秒数>　设置等待远端主机回报的时间。

-x　开启或关闭数据包的正确性检验。

例 7-6：跟踪到主机 192. 168. 10. 3 之间的路由。

```
[root@localhost ~]#traceroute  192.168.10.3
```

（6）netstat 命令

格式：netstat　［选项］

功能：查看网络当前的连接状态，检查网络接口配置信息或路由表，获取各种网络协议的运行统计信息。

常用选项：

-a　显示所有连接的信息，包括正在侦听的信息。

-c　持续列出网络状态。

-v　显示详细信息。

-t　显示 TCP 传输协议的连接状况。

-u　显示 UDP 传输协议的连接状况。

例 7-7：显示当前网络的连接状态。

```
[root@localhost ~]#netstat  -vat
```

习题

1. 简述网卡配置文件的内容。
2. 简述/etc/resolv. conf 文件的内容。
3. 简述测试网络连通的命令有哪些。
4. 简述查询 DNS 服务使用的命令及含义。

第8章 Samba服务

8.1 Samba服务器配置

8.1.1 Samba简介

Windows操作系统在局域网中可通过“网上邻居”访问其他计算机的共享资源，是通过使用服务器消息块（Server Message Block，SMB）来实现的。在局域网中实现Linux主机和Windows主机之间远程共享Linux文件和打印服务，就需要在Linux系统中设置Samba服务器。

SMB是基于NetBIOS的协议，传统上用在Linux、Windows和OS/2网络中访问远程文件和打印机，统称为共享服务。SMB为网络资源和桌面应用之间提供了紧密的接口，与使用NFS、FTP和LPR等协议相比，使用SMB协议能把二者结合得更加紧密。通过Samba共享的Linux资源就像在另一台Windows服务器上一样，不需要任何其他的桌面客户软件就可以访问。

Linux系统可以与各种操作系统轻松连接，实现多种网络服务。在一些中小型网络或企业的内部网中，利用Linux建立文件服务器是一个很好的解决方案。针对企业内部网中的绝大部分客户机都采用Windows的情况，我们可以通过使用Samba来实现文件服务器的功能。

Samba是在Linux和Unix系统上实现SMB协议的一个免费软件，由服务器及客户端程序构成。SMB协议是建立在NetBIOS协议之上的应用协议，是基于TCP协议的138和139两个端口的服务。NetBIOS出现之后，Microsoft就使用NetBIOS实现了一个网络文件/打印服务系统。

Samba的核心是smbd和nmbd两个守护进程，在服务器启动时持续运行。smbd和nmbd使用的全部配置信息全都保存在/etc/samba/smb.conf文件中。/etc/samba/smb.conf文件向守护进程smbd和nmbd说明共享的内容、共享输出给谁以及如何进行输出。smbd

进程的作用是为使用该软件包资源的客户机与 Linux 服务器进行协商，nmbd 进程的作用是使客户机能浏览 Linux 服务器的共享资源。

访问 Samba 服务器的用户都应该在服务器上有合法的账户名。如果从 Windows 系统访问 Samba 服务器，需要建立从 Windows 账户名到 Samba 服务器账户名的映射。

8.1.2 Samba 服务器软件包安装

要配置 Samba 服务器，就要在 Linux 系统中查看是否安装了 samba-common、samba-client、samba 和 samba-libs 软件包。如果没有，需要事先安装好，如图 8-1 所示。

```
[root@localhost ~]#rpm  -qa | grep  samba
[root@localhost ~]#yum  install  samba-*  -y
```

```
[root@localhost ~]# yum install  samba-*  -y
已加载插件：langpacks, product-id, subscription-manager
This system is not registered to Red Hat Subscription Management. You can use su
bscription-manager to register.
iso                                                  | 4.1 kB     00:00
(1/2): iso/group_gz                                   | 134 kB    00:00
(2/2): iso/primary_db                                 | 3.4 MB    00:00
软件包 samba-common-4.1.1-31.el7.x86_64 已安装并且是最新版本
软件包 samba-libs-4.1.1-31.el7.x86_64 已安装并且是最新版本
正在解决依赖关系
--> 正在检查事务
---> 软件包 samba.x86_64.0.4.1.1-31.el7 将被 安装
---> 软件包 samba-client.x86_64.0.4.1.1-31.el7 将被 安装
---> 软件包 samba-python.x86_64.0.4.1.1-31.el7 将被 安装
--> 正在处理依赖关系 python-tevent，它被软件包 samba-python-4.1.1-31.el7.x86_64
需要
--> 正在处理依赖关系 python-tdb，它被软件包 samba-python-4.1.1-31.el7.x86_64 需
要
--> 正在处理依赖关系 pyldb，它被软件包 samba-python-4.1.1-31.el7.x86_64 需要
--> 正在处理依赖关系 libpyldb-util.so.1(PYLDB_UTIL_1.1.2)(64bit)，它被软件包 sam
```

图 8-1　安装 Samba 软件包

8.1.3 /etc/samba/smb.conf 文件配置

Samba 服务器的主配置文件是/etc/samba/smb.conf 文件，该配置文件的内容由 Global Settings（全局设置）和 Share Definitions（共享定义）两部分构成。Global Settings 部分主要是用来设置 Samba 服务器整体运行环境的选项，Share Definitions 部分是用来设置文件共享和打印共享资源。

在/etc/samba/smb.conf 配置文件中，以“#”开头的行是注释行，它可以为用户配置参数起到解释作用，这样的语句默认不会被系统执行。以“;”开头的行都是 Samba 配置的参数范例，这样的语句默认不会被系统执行，如果将“;”去掉并对该范例进行设置，那么该语句将会被系统执行。在/etc/samba/smb.conf 配置文件中，所有的配置参数都是以“配置项目 = 值”这样的格式来表示，如下所示：

```
[root@localhost ~]#cat  /etc/samba/smb.conf
#===========Global Settings ==========================
```

//设置全局参数

```
[global]
# ------------------Network-Related Options ---------------------
```

//设置网络关系选项

```
# workgroup=the Windows NT domain name or workgroup name,for example,
MYGROUP.
#
# server string=the equivalent of the Windows NT Description field.
#
# netbios name=used to specify a server name that is not tied to the
hostname.
#
# interfaces=used to configure Samba to listen on multiple network
interfaces.
# If you have multiple interfaces,you can use the "interfaces ="
option to
# configure which of those interfaces Samba listens on. Never omit
the localhost
# interface (lo).
#
# hosts allow=the hosts allowed to connect. This option can also be
used on a
# per-share basis.
#
# hosts deny=the hosts not allowed to connect. This option can also be
used on
# a per-share basis.
#
# max protocol = used to define the supported protocol. The default
is NT1. You
# can set it to SMB2 if you want experimental SMB2 support.
#
	workgroup=MYGROUP
	server string=Samba Server Version %v

;	netbios name=MYSERVER

;	interfaces=lo eth0 192.168.12.2/24 192.168.13.2/24
;	hosts allow=127.	192.168.12.	192.168.13.
```

```
;     max protocol=SMB2

# -----------------------Logging Options -----------------------
//设置服务器日志选项
# log file=specify where log files are written to and how they are
split.
#
# max log size = specify the maximum size log files are allowed to
reach. Log
# files are rotated when they reach the size specified with "max log
size".
#

        # log files split per-machine:
        log file=/var/log/samba/log. % m
        # maximum size of 50KB per log file,then rotate:
        max log size=50

# -------------------Standalone Server Options ------------------
//设置标准服务器选项
# security=the mode Samba runs in. This can be set to user,share
# (deprecated),or server (deprecated).
#
# passdb backend=the backend used to store user information in. New
# installations should use either tdbsam or ldapsam. No
additional configuration
# is required for tdbsam. The " smbpasswd " utility is available
for backwards
# compatibility.
#

        security=user
        passdb backend=tdbsam

# -------------------Domain Members Options ---------------------
//设置域成员选项
# security=must be set to domain or ads.
#
```

```
# passdb backend=the backend used to store user information in. New
# installations should use either tdbsam or ldapsam. No additional
configuration
# is required for tdbsam. The " smbpasswd " utility is available
for backwards
# compatibility.
#
# realm = only use the realm option when the "security = ads" option
is set.
# The realm option specifies the Active Directory realm the host is a
part of.
#
# password server=only use this option when the "security=server"
# option is set, or if you cannot use DNS to locate a Domain
Controller. The
# argument list can include My_PDC_Name,[My_BDC_Name],and [My_Next_
BDC_Name]:
#
# password server=My_PDC_Name [My_BDC_Name] [My_Next_BDC_Name]
# Use "password server=* " to automatically locate Domain Controllers.

;       security=domain
;       passdb backend=tdbsam
;       realm=MY_REALM

;       password server=<NT-Server-Name>

# --------------------Domain Controller Options -------------------
//设置域控制器选项
# security=must be set to user for domain controllers.
#
# passdb backend=the backend used to store user information in. New
# installations should use either tdbsam or ldapsam. No additional
configuration
# is required for tdbsam. The " smbpasswd " utility is available
for backwards
# compatibility.
#
# domain master=specifies Samba to be the Domain Master Browser,
```

```
allowing
    # Samba to collate browse lists between subnets. Do not use the "domain
master"
    # option if you already have a Windows NT domain controller performing
this task.
    #
    # domain logons = allows Samba to provide a network logon service
for Windows
    # workstations.
    #
    # logon script = specifies a script to run at login time on the
client. These
    # scripts must be provided in a share named NETLOGON.
    #
    # logon path = specifies (with a UNC path) where user profiles are
stored.
    #
    ;       security=user
    ;       passdb backend=tdbsam

    ;       domain master=yes
    ;       domain logons=yes

    # the following login script name is determined by the machine name
    # (% m):
    ;       logon script=% m.bat
    # the following login script name is determined by the UNIX user used:
    ;       logon script=% u.bat
    ;       logon path= \\% L\Profiles\% u
    # use an empty path to disable profile support:
    ;       logon path =

    # various scripts can be used on a domain controller or a stand-alone
    # machine to add or delete corresponding UNIX accounts:

    ;       add user script=/usr/sbin/useradd "% u" -n -g users
    ;       add group script=/usr/sbin/groupadd "% g"
    ;       add machine script =/usr/sbin/useradd - n - c " Workstation
            (% u)" -M -d /nohome -s /bin/false "% u"
```

```
;       delete user script=/usr/sbin/userdel "% u"
;       delete user from group script=/usr/sbin/userdel "% u" "% g"
;       delete group script=/usr/sbin/groupdel "% g"

# --------------------Browser Control Options ---------------------
//设置浏览器控制选项
# local master = when set to no, Samba does not become the master
browser on
# your network. When set to yes,normal election rules apply.
#
# os level=determines the precedence the server has in master browser
# elections. The default value should be reasonable.
#
# preferred master = when set to yes, Samba forces a local browser
election at
# start up (and gives itself a slightly higher chance of winning the
election).
#
;       local master=no
;       os level=33
;       preferred master=yes

#-------------------------Name Resolution ----------------------
//设置名称解析
# This section details the support for the Windows Internet Name
Service (WINS).
#
# Note: Samba can be either a WINS server or a WINS client,but not
both.
#
# wins support=when set to yes,the NMBD component of Samba enables
its WINS
# server.
#
# wins server=tells the NMBD component of Samba to be a WINS client.
#
# wins proxy=when set to yes,Samba answers name resolution queries
on behalf
# of a non WINS capable client. For this to work, there must be at
```

```
least one
    # WINS server on the network. The default is no.
    #
    # dns proxy=when set to yes,Samba attempts to resolve NetBIOS names
via DNS
    # nslookups.
    ;    wins support=yes
    ;    wins server=w. x. y. z
    ;    wins proxy=yes
    ;    dns proxy=yes

    # ------------------------Printing Options ---------------------
    //设置打印机选项
    # The options in this section allow you to configure a non-default
printing
    # system.
    #
    # load printers=when set you yes,the list of printers is automatically
    # loaded,rather than setting them up individually.
    #
    # cups options=allows you to pass options to the CUPS library. Setting this
    # option to raw,for example,allows you to use drivers on your Windows
clients.
    #
    # printcap name=used to specify an alternative printcap file.
    #

        load printers=yes
        cups options=raw

    ;    printcap name=/etc/printcap
    # obtain a list of printers automatically on UNIX System V systems:
    ;    printcap name=lpstat
    ;    printing=cups

    # -----------------------File System Options --------------------
    //设置文件系统选项
    # The options in this section can be un - commented if the file
system supports
```

```
# extended attributes, and those attributes are enabled (usually
via the
# "user_xattr" mount option). These options allow the administrator
to specify
# that DOS attributes are stored in extended attributes and also make
sure that
# Samba does not change the permission bits.
#
# Note: These options can be used on a per-share basis. Setting
them globally
# (in the [global] section) makes them the default for all shares.

;       map archive=no
;       map hidden=no
;       map read only=no
;       map system=no
;       store dos attributes=yes

#========================Share Definitions =========
//设置文件共享和打印共享
[homes]
      comment=Home Directories
      browseable=no
      writable=yes
;     valid users=% S
;     valid users=MYDOMAIN\% S

[printers]
comment=All Printers
path=/var/spool/samba
browseable=no
guest ok=no
writable=no
printable=yes

# Un-comment the following and create the netlogon directory for
Domain Logons:
;     [netlogon]
;     comment=Network Logon Service
```

```
;    path=/var/lib/samba/netlogon
;    guest ok=yes
;    writable=no
;    share modes=no

# Un-comment the following to provide a specific roving profile share.
# The default is to use the user's home directory:
;    [Profiles]
;    path=/var/lib/samba/profiles
;    browseable=no
;    guest ok=yes

# A publicly accessible directory that is read only,except for users
in the
# "staff" group (which have write permissions):
;    [public]
;    comment=Public Stuff
;    path=/home/samba
;    public=yes
;    writable=yes
;    printable=no
;    write list=+staff
```

(1) 全局参数配置

①workgroup=MYGROUP

设置 Samba 服务器所在的工作组或域名。

②server string=Samba Server Version %v

设置 Samba 服务器的描述信息。

③netbios name=MYSERVER

设置 Samba 服务器的 NetBIOS 名称。

④interfaces=lo eth0 192.168.12.2/24 192.168.13.2/24

设置 Samba 服务器所使用的网卡接口，可以使用网卡接口的名称或 IP 地址。

⑤hosts allow=127. 192.168.12. 192.168.13.

设置允许访问 Samba 服务器的网络地址、主机地址以及域，多个参数以空格隔开。

a. 如 hosts allow=192.168.0.5，表示允许该主机访问 Samba 服务器。

b. 如 hosts allow=192.168.0.，表示允许该网络访问 Samba 服务器。

c. 如 hosts allow=.sh.com，表示允许该域访问 Samba 服务器。

d. 如 hosts allow=ALL，表示允许所有主机访问 Samba 服务器。

⑥hosts deny=127. 192.168.12. 192.168.13.

设置不允许访问 Samba 服务器的网络地址、主机地址以及域，多个参数以空格隔开。

⑦guest account = pcguest
设置访问 Samba 服务器的默认匿名账户，如果设置为 pcguest 则默认为 nobody 用户。
⑧log file = /var/log/samba/log. %m
设置日志文件保存路径和名称。%m 代表客户端主机名。
⑨max log size = 50
设置日志文件的最大值，单位为 KB。当值为 0 时，表示不限制日志文件的大小。
⑩username map = /etc/samba/smbusers
设置 Samba 用户和 Linux 系统用户映射的文件。
⑪security = user
设置用户访问 Samba 服务器的安全级别，共有以下 5 种安全级别。
a. share：不需要提供用户名和密码就可以访问 Samba 服务器；
b. user：需要提供用户名和密码，而且身份验证由 Samba 服务器负责；
c. server：需要提供用户名和密码，可以指定其他 Windows 服务器或另一台 Samba 服务器做身份验证；
d. domain：需要提供用户名和密码，指定 Windows 域控制器做身份验证。Samba 服务器只能成为域的成员客户机；
e. ads：需要提供用户名和密码，指定 Windows 域控制器做身份验证。具有 domain 级别的所有功能，Samba 服务器可以成为域控制器。
⑫encrypt passwords = yes
设置是否对 Samba 的密码进行加密。
⑬smb passwd file = /etc/samba/smbpasswd
设置 Samba 密码文件的路径和名称。
⑭passdb backend = tdbsam
设置如果使用加密密码，指定所使用的密码数据库类型，类型可以是 tdbsam、smbpasswd或 ldapsam。
a. tdbsam：使用一个数据库文件来建立用户数据库，数据库文件名为 passdb. tdb。使用 smbpasswd 或 pdbedit 命令来建立 Samba 用户；
b. smbpasswd：使用 smbpasswd 命令来给系统用户设置一个用于访问 Samba 服务的密码，客户端就用这个密码访问 Samba 共享资源。还要使用一个 smb passwd file = /etc/samba/smbpasswd 参数来指定保存用户名和密码的文件，该文件需要手动建立。不推荐使用此方法；
c. ldapsam：基于 LADP 的账户管理方式来验证用户，需要先创建 LDAP 服务。
⑮password server = 192. 168. 0. 100
设置身份验证服务器的名称。该项只有在设置 security 为 ads、server 或 domain 时才会生效。
⑯domain master = yes
指定 Samba 服务器是域主浏览器。这允许 samba 在子网之间比较浏览列表。如果已经有了一个 Win NT 的主域控制器，就不需设置这个选项。
⑰logon script = %m. bat

设置启用指定登录脚本。

⑱local master = no

设置 Samba 服务器是否要担当 LMB（本地主浏览器）角色（LMB 负责收集本地网络的浏览目录资源），通常没有特殊原因将其设为 no。

⑲os level = 33

设置 Samba 服务器参加主浏览器选举的优先级。

⑳preferred master = yes

设置 Samba 服务器是否要担当 PDC 角色，通常没有特殊原因将其设为 no。

㉑wins support = yes

设置是否启用 WINS 服务支持。

㉒wins server = w. x. y. z

设置 Samba 服务器使用的 WINS 服务器 IP 地址。

㉓wins proxy = yes

设置是否启用 WINS 代理支持。

㉔dns proxy = yes

设置是否启用 DNS 代理支持。

㉕load printers = yes

设置是否允许 Samba 打印机共享。

㉖printcap name = /etc/printcap

设置 Samba 打印机配置文件的路径。

㉗printing = cups

设置 Samba 打印机的类型。

㉘deadtime = 15

设置客户端多少分钟以后没有操作 Samba 服务器将中断该连接。

㉙max open files = 16384

设置每一个客户端最多能打开的文件数量。

（2）共享定义设置

①[ ]

设置共享目录的共享名称。

②comment

设置共享目录的注释说明。

③path

设置共享目录的完整路径名称。

④browseable

设置在浏览资源时是否显示共享目录，yes 表示显示，no 表示不显示。

⑤printable

设置是否允许打印，yes 表示允许，no 表示不允许。

⑥public

设置是否允许匿名用户访问共享资源，yes 表示允许，no 表示不允许。只有当设置参数 security=share 时此项才起作用。

⑦guest ok

设置是否允许匿名用户访问共享资源，yes 表示允许，no 表示不允许。和 public 有一样的功能。只有当设置参数 security=share 时此项才起作用。

⑧guest only

设置是否只允许匿名用户访问，yes 表示允许，no 表示不允许。

⑨guest account

指定访问共享目录的用户账户。

⑩read only

设置是否允许以只读方式读取目录，yes 表示允许，no 表示不允许。

⑪writable

设置是否允许以可写的方式修改目录，yes 表示允许，no 表示不允许。

⑫vaild users

设置只有此名单内的用户和组群才能访问共享资源。

⑬invalid users

设置只有此名单内的用户和组群不能访问共享资源，该参数要优先于 vaild users 参数的设置。

⑭read list

设置只有此名单内的用户和组群才能以只读方式访问共享资源。

⑮write list

设置只有此名单内的用户和组群才能以可写方式访问共享资源。

⑯create mode

设置默认创建文件时的权限。类似于 create mask。

⑰directory mode

设置默认创建目录时的权限。类似于 directory mask。

⑱force group

设置默认创建的文件的组群。

⑲force user

设置默认创建的文件的所有者。

⑳hosts allow

设置只有此网段/IP 地址的用户才能访问共享资源。

㉑hosts deny

设置只有此网段/IP 地址的用户不能访问共享资源。

8.1.4 Samba 服务器配置实例

在公司内部配置一台 Samba 服务器，工作组名为 Workgroup，允许访问 Samba 服务器的网络为 192.168.10.0，Samba 服务器安全模式为 user，要求将技术部的资料放在 Samba 服务器的/jsb 目录下集中管理，只允许技术部人员访问，权限为读写权限。

①建立共享目录，并建立测试文件

```
[root@localhost ~]#mkdir  /jsb
[root@localhost ~]#touch  /jsb/test.txt
```

②创建技术部用户和组

```
[root@localhost ~]#groupadd  jsb
[root@localhost ~]#useradd  -g  jsb  zhangsan
[root@localhost ~]#passwd  zhangsan
```

③为技术部成员创建 Samba 账户

当用户访问 Samba 服务器共享资源时，需要用户名和密码进行身份验证。

```
[root@localhost ~]#smbpasswd  -a  zhangsan
```

④修改/etc/samba/smb.conf 文件

```
[root@localhost ~]#vim  /etc/samba/smb.conf
[global]
        workgroup=Workgroup
        server string=Samba Server
        hosts allow=127.192.168.10.
        security=user
[jsb]
        comment=jsb
        path=/jsb
        writable=yes
        valid  users=@jsb
```

⑤让防火墙放行 samba 服务

首先，单击“应用程序”→“杂项”→“防火墙”菜单，如图 8-2 所示，勾选 Samba 和 Samba 客户端，配置选择“永久”。然后单击“选项”→“重载防火墙”。

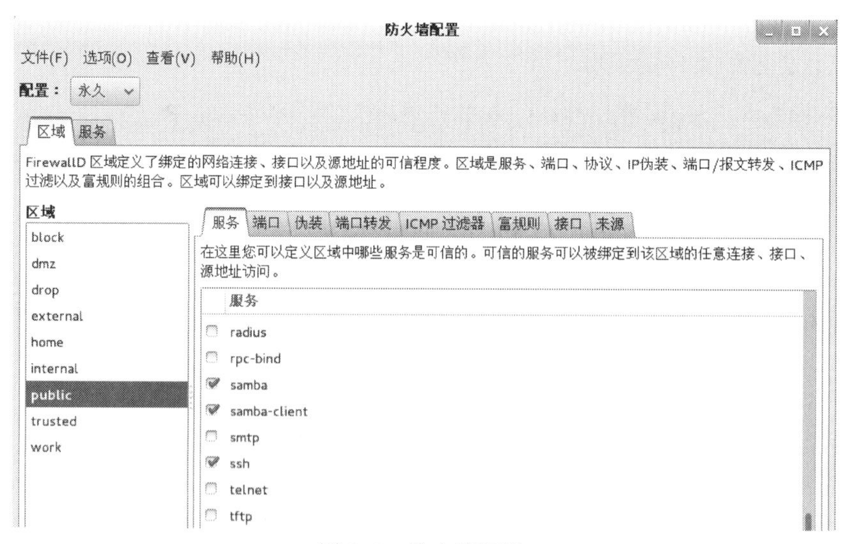

图 8-2　防火墙配置

最后，关闭 SELinux 防火墙。编辑/etc/sysconfig/selinux 文件，修改 SELINUX=disabled。

⑥启动 smb 服务

```
[root@localhost ~]#systemctl  start  smb.service
```

⑦开机自动启动 smb 服务

```
[root@localhost ~]#systemctl  enable  smb.service
```

8.2 Samba 客户端配置

在 Linux 系统中配置的 Samba 服务器可以支持 Linux 客户端和 Windows 客户端访问共享资源。

8.2.1 Linux 客户端配置

（1）安装客户端软件包

使用以下命令安装 samba-common 和 samba-client 软件包。

```
[root@localhost ~]#yum  install  samba-common-*  samba-client-*  -y
```

（2）使用 smbclient 命令显示和连接共享目录

在客户端计算机上使用 smbclient 命令，可以显示 Samba 服务器上的共享资源，也可以连接到该共享资源上。

格式：smbclient [选项] [网络资源]

常用选项：

-L <主机> 在主机上获取可用的共享列表

-U <用户名> 指定用户名

网络资源格式：

//服务器名称/资源共享名称

指定 Samba 用户 zhangsan 显示 Samba 服务器 192.168.10.1 上的共享资源，如图 8-3 所示。

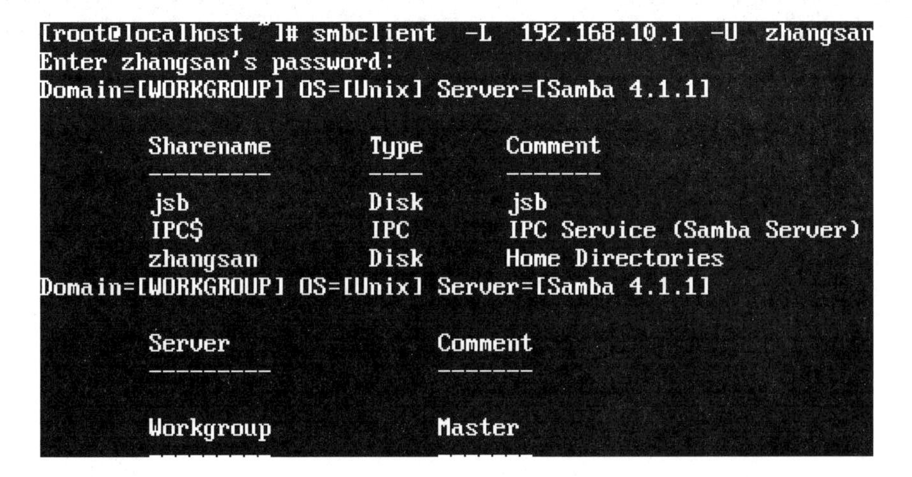

图 8-3 使用 smbclient 命令

如果在 Shell 提示下输入以下命令，即可连接 Samba 服务器上的共享目录。

[root@localhost ~]#smbclient [//Samba 服务器 IP 地址/共享目录名] [-U Samba 用户名]

如果看到“smb:\>”提示，说明登录服务器成功。系统提供了一个类似于 FTP 的交互式窗口。输入“?”获得一个命令列表。输入“exit”退出 smbclient，如图 8-4 所示。

```
[root@localhost ~]# smbclient  //192.168.10.1/jsb  -U  zhangsan
Enter zhangsan's password:
Domain=[WORKGROUP] OS=[Unix] Server=[Samba 4.1.1]
smb: \>
smb: \> exit
```

图 8-4　交互式 smbclient 命令的使用

用户 zhangsan 在 Samba 服务器共享目录中创建文件夹 test，如图 8-5 所示。

```
[root@localhost ~]# smbclient  -c  "mkdir  test" //192.168.10.1/jsb  -U  zhangsan
Enter zhangsan's password:
Domain=[WORKGROUP] OS=[Unix] Server=[Samba 4.1.1]
```

图 8-5　使用 smblient 命令创建文件夹

(3) 使用 mount 命令挂载 Samba 目录

客户端用户可以把 Samba 共享目录挂载到本地目录上，这样该目录内的文件就如同是本地文件系统的一部分。把 Samba 共享挂载到本地目录中时，如果该目录不存在，则需要先创建它，然后执行以下命令：

mount -o [username=用户名，password=密码] [//Samba 服务器 IP 地址/共享目录名] [本地挂载点]

挂载 Samba 服务器上的共享目录/jsb 到客户端目录/mnt/samba 下，如图 8-6 所示。

```
[root@localhost ~]# mount  -o  username=zhangsan,password=123  //192.168.10.1/jsb   /mnt/samba
[root@localhost ~]# df  -h   /mnt/samba
Filesystem          Size  Used Avail Use% Mounted on
//192.168.10.1/jsb   18G  3.0G   15G  17% /mnt/samba
```

图 8-6　挂载共享目录

8.2.2 Windows 客户端配置

在 Windows 系统中，打开“运行”工具，如图 8-7 所示，输入 Samba 服务器的 UNC 路径。系统会要求输入 Samba 用户名和密码，输入完毕后即可访问共享资源，如图 8-8 所示。

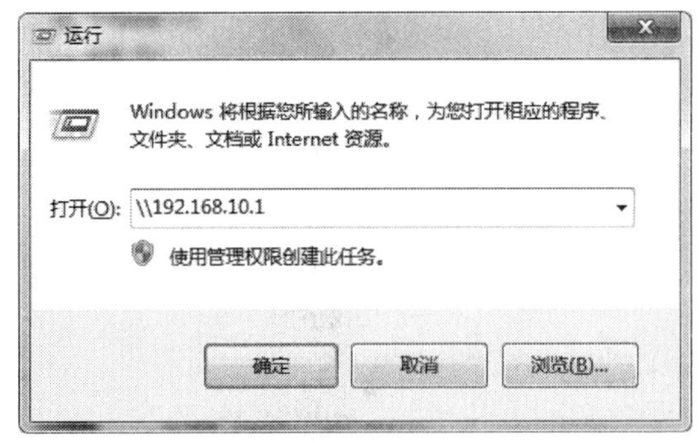

图 8-7　运行中输入路径

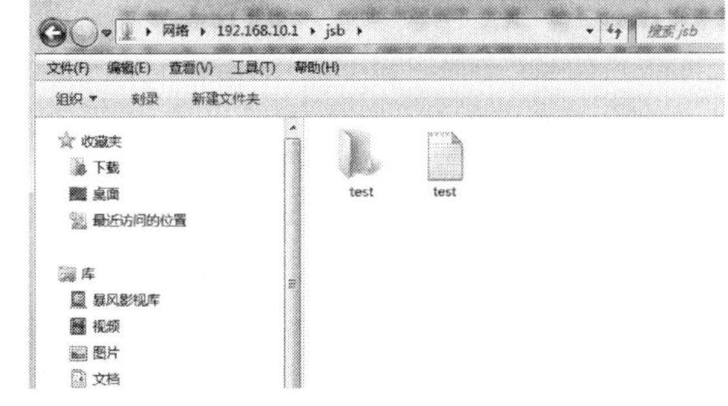

图 8-8　客户端访问共享文件夹

习题

1. 简述 Samba 服务的功能及核心进程。
2. 简述用户访问 Samba 服务器的安全级别。
3. 简述 Samba 服务器配置文件的两部分含义。
4. 简述 smbclient 命令的含义及用法。

第9章 NFS服务

9.1 NFS服务器配置

9.1.1 NFS简介

NFS（Network File System，网络文件系统）是由SUN公司开发，并于1984年推出的技术。NFS目的就是让类Unix操作系统之间可以彼此共享文件。NFS本身的服务并没有提供文件传递的协议，但是NFS却能让我们进行文件的共享，这其中的原因，就是NFS使用RPC（Remote Procedure Call Protocol，远程过程调用协议）。所以只要用到NFS的地方都要启动RPC服务，不论是NFS服务器还是NFS客户端。NFS是一个文件系统，而RPC是负责信息的传输。这样NFS服务器端与NFS客户端才能由RPC协议来进行端口的对应。NFS主要管理分享出来的目录，而至于文件的传递，就直接将它交给RPC协议来运作。

NFS服务采用C/S工作模式，在NFS服务器上将某个目录设置为输出目录（共享目录）后，其他客户端就能将此目录挂载到自己系统的某个目录下，只要有相应的权限，客户端用户就可对目录下的文件进行相应操作。客户端使用NFS可以透明地访问服务器中的文件系统，这不同于提供文件传输的FTP协议。FTP会产生文件的一个完整的副本。NFS只访问一个进程引用文件部分，并且一个目的就是使得这种访问透明。这就意味着任何能够访问一个本地文件的客户端程序不需要做任何修改，就应该能够访问一个NFS文件。

NFS协议从诞生到现在为止，已经有NFS V2、NFS V3和NFS V4等多个版本。

9.1.2 NFS服务器软件包安装

配置NFS服务器之前，需要在Linux系统中查看是否安装了nfs-utils软件包。如果没有，要事先安装好，如图9-1所示。

```
[root@localhost ~]#rpm  -qa |grep  nfs-utils
```

```
[root@localhost~]#yum  install  nfs-utils-*   -y
```

```
[root@localhost ~]# yum  install  nfs-utils-*  -y
已加载插件：langpacks, product-id, subscription-manager
This system is not registered to Red Hat Subscription Management. You can use su
bscription-manager to register.
iso                                                  | 4.1 kB     00:00
正在解决依赖关系
-->正在检查事务
--->软件包 nfs-utils.x86_64.1.1.3.0-0.el7 将被 安装
-->解决依赖关系完成

依赖关系解决

================================================================================
 Package             架构              版本                   源          大小
================================================================================
正在安装:
 nfs-utils           x86_64            1:1.3.0-0.el7          iso         357 k

事务概要
================================================================================
安装  1 软件包
```

图 9-1　安装 nfs 软件包

9.1.3　/etc/exports 文件配置

/etc/exports 文件控制着 NFS 服务器要导出的共享目录以及访问权限。/etc/exports 文件默认是空白的，没有任何内容。也就是说 NFS 服务器默认是不共享任何目录，需要手工编辑添加。/etc/exports 文件每一行都提供了一个共享目录的设置。格式如下所示：

共享目录　　　　客户端（导出选项）

(1) 共享目录

在/etc/exports 文件中添加的共享目录必须使用绝对路径，不可以使用相对路径。而且该目录必须事先创建好，该目录将作为 NFS 服务器上的共享目录并提供给客户端使用。

(2) 客户端

客户端是指可以访问 NFS 服务器共享目录的客户端计算机，客户端计算机可以是一台计算机，也可以是一个网段，甚至是一个域。客户端计算机表示方式如表 9-1 所示。

表 9-1　　客户端计算机表示方式

客户端主机	举例
指定 IP 地址的客户端主机	192.168.10.2
指定子网中所有的客户端主机	192.168.10.0/24 或 192.168.10.*
指定域名的客户端主机	pc1.example.com
指定域中的所有客户端主机	*.example.com
所有客户端主机	*或者缺省

(3) 导出选项

在/etc/exports 文件中可以使用众多的选项来设置客户端访问 NFS 服务器共享目录的

权限，如表 9-2 所示。

表 9-2　　letc/exports 文件各导出选项含义

导出选项	描述
rw	共享目录具有读取和写入的权限
ro	共享目录具有只读的权限
root_squash	将 root 用户及所属用户组映射为匿名用户或用户组一样的权限
no_root_squash	关闭 root_squash
all_squash	映射所有普通用户及所属用户组为匿名用户或用户组
no_all_squash	不将所有普通用户及所属用户组映射为匿名用户或用户组
anonuid	指定 NFS 服务器/etc/passwd 文件中匿名用户的 UID
anongid	指定 NFS 服务器/etc/passwd 文件中匿名用户的 GID
sync	将数据同步写入内存缓冲区和磁盘中。适合大量写请求的情况下
async	将数据先保存在内存缓冲区，必要时才写入磁盘。适合少量写请求并且对数据一致性要求不高的情况下
secure	NFS 客户端通过小于 1024 的安全 TCP/IP 端口连接服务器
insecure	允许 NFS 客户端通过 1024 以上的端口连接服务器
wdelay	如果多个用户要写入 NFS 目录，则归组写入（默认）
no_wdelay	如果多个用户要写入 NFS 目录，则立即写入；当使用 async 时，不需要设置
subtree_check	如果共享目录是一个子目录时，强制 NFS 检查父目录的权限
no_subtree_check	和 subtree_check 相对，不检查父目录权限
hide	在 NFS 共享目录中不共享其子目录
nohide	在 NFS 共享目录中共享其子目录
mp	如果它已经成功挂载，那么使得它只导出一个目录
fsid	NFS 需要能够识别每个它导出的文件系统。通常情况下它会为文件系统使用一个 UUID，或者该设备保持文件系统的设备号

9.1.4　NFS 服务器配置实例

在 NFS 服务器上配置以只读的方式共享目录/public，仅允许当前网段的主机访问。

①建立共享目录，并建立测试文件

```
[root@localhost ~]#mkdir  /public
[root@localhost ~]#touch  /public/test.txt
```

②修改/etc/exports 文件

```
[root@localhost ~]#vim  /etc/exports
/public  192.168.10.0/24(ro,sync)
```

③让防火墙放行 nfs 服务

首先，单击“应用程序”→“杂项”→“防火墙”菜单，如图 9-2 所示，勾选

"nfs"，配置选择"永久"。然后单击"选项"→"重载防火墙"。

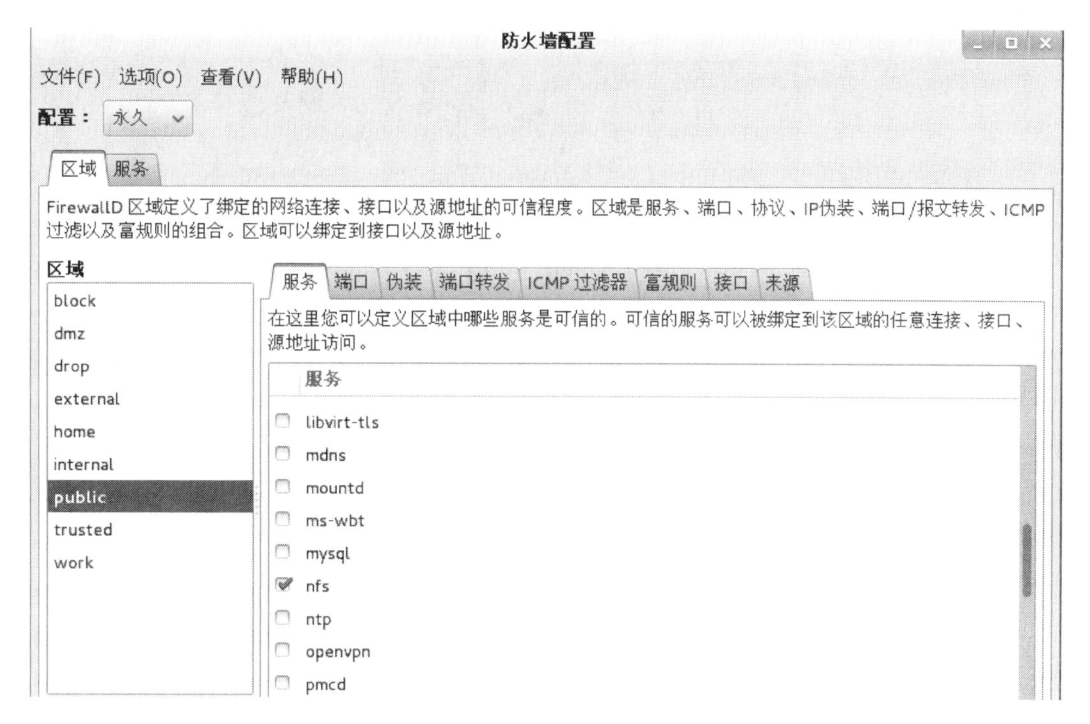

图 9-2 防火墙配置

最后，关闭 SELinux 防火墙。编辑/etc/sysconfig/selinux 文件，修改 SELINUX=disabled。

④启动 nfs 服务

```
[root@localhost~]#systemctl  start  nfs-server
```

⑤开机自动启动 nfs 服务

```
[root@localhost~]#systemctl  enable  nfs-server
```

9.2 NFS 共享目录管理

9.2.1 维护和查看 NFS 共享目录

(1) 维护 NFS 共享目录

使用 exportfs 命令可以导出 NFS 服务器上的共享目录，显示共享目录，或者不导出共享目录。

格式：exportfs [选项] [共享目录]

常用选项：

-a 导出或不导出所有目录。

-v 显示导出列表的同时，也显示导出选项的列表。

-u 不导出指定的目录。和-a 一起时，不导出所有目录。

-r 重新导出所有的目录。

-o <选项>　指定导出选项列表。

显示 NFS 服务器的共享目录以及导出选项信息，如图 9-3 所示。

```
[root@localhost ~]# exportfs  -v
/public         192.168.10.0/24(ro,wdelay,root_squash,no_subtree_check,sec=sys,r
o,secure,root_squash,no_all_squash)
```

图 9-3　显示导出信息

不导出 NFS 服务器上所有共享目录，如图 9-4 所示。

```
[root@localhost ~]# exportfs  -au
[root@localhost ~]# exportfs  -v
```

图 9-4　不导出共享目录

将/public 目录导出共享给 192. 168. 10. 3 主机，允许其匿名写入，如图 9-5 所示。

```
[root@localhost ~]# exportfs  -o  async,rw  192.168.10.3:/public
[root@localhost ~]# exportfs -v
/public         192.168.10.3(rw,async,wdelay,root_squash,no_subtree_check,sec=sy
s,rw,secure,root_squash,no_all_squash)
```

图 9-5　指定导出选项

（2）查看 NFS 共享目录

使用 showmount 命令可以显示 NFS 服务器的挂载信息。比如查看 NFS 服务器上有哪些共享目录，这些共享目录可以被哪些客户端访问，以及哪些共享目录已经被客户端挂载了。

格式：showmount　[选项]　[NFS 服务器]

常用选项：

-a　同时显示客户端的主机名或 IP 地址以及所挂载的目录。

-e　显示 NFS 服务器的导出列表。

-d　只显示已经被挂载的 NFS 共享目录。

查看 NFS 服务器 192. 168. 10. 1 上的共享目录的信息，如图 9-6 所示。

```
[root@localhost ~]# showmount  -e  192.168.10.1
Export list for 192.168.10.1:
/public 192.168.10.0/24
[root@localhost ~]#
```

图 9-6　查看共享目录信息

9.2.2 挂载和卸载 NFS 共享目录

在挂载共享目录之前，首先，需要在客户端 Linux 系统中查看是否安装了 nfs-utils 软件包，如果没有，要事先安装好。其次，在客户端 Linux 系统中使用 showmount -e 命令查看 NFS 服务器上的输出共享目录。最后，在客户端计算机上使用 mount 命令可以挂载 NFS 服务器上的共享目录，或是修改/etc/fstab 文件后自动挂载 NFS 共享目录。

(1) 挂载和卸载 NFS 文件系统

在客户端 Linux 系统中使用 mount 命令挂载 NFS 服务器共享目录，如下所示：

mount -t nfs [NFS 服务器 IP 地址或主机名：NFS 共享目录] [本地挂载点]

挂载 NFS 服务器上的共享目录/public 到客户端目录/mnt/nfs 下，如图 9-7 所示。

```
[root@localhost ~]# mount -t  nfs  192.168.10.1:/public   /mnt/nfs
[root@localhost ~]# ls  /mnt/nfs
test.txt
[root@localhost ~]# df -h  /mnt/nfs
Filesystem            Size  Used Avail Use% Mounted on
192.168.10.1:/public   18G  3.0G   15G  17% /mnt/nfs
```

图 9-7 挂载 NFS 服务器上的共享目录

在客户端 Linux 系统中使用 umount 卸载 NFS 服务器共享目录，如图 9-8 所示。

```
[root@localhost ~]# umount /mnt/nfs
[root@localhost ~]# ls  /mnt/nfs
```

图 9-8 卸载 NFS 服务器上的共享目录

(2) 开机自动挂载 NFS 文件系统

在/etc/fstab 文件中声明 NFS 服务器的主机名、要导出的目录以及本地挂载点，这样就可以在每次启动客户端 Linux 系统时自动挂载 NFS 共享目录。在客户端 Linux 系统的/etc/fstab 文件中添加内容如下：

```
192.168.10.1:/public    /mnt/nfs   nfs   defaults  0  0
```

重启系统后，查看 NFS 共享目录已经挂载，如图 9-9 所示。

```
[root@localhost ~]# df -hT
Filesystem            Type      Size  Used Avail Use% Mounted on
/dev/mapper/rhel-root xfs        18G  905M   17G   6% /
devtmpfs              devtmpfs  484M     0  484M   0% /dev
tmpfs                 tmpfs     490M     0  490M   0% /dev/shm
tmpfs                 tmpfs     490M  6.7M  484M   2% /run
tmpfs                 tmpfs     490M     0  490M   0% /sys/fs/cgroup
/dev/sda1             xfs       497M   97M  401M  20% /boot
192.168.10.1:/public  nfs4       18G  3.0G   15G  17% /mnt/nfs
```

图 9-9 查看开机自动挂载 NFS 服务器信息

习题

1. 简述 NFS 服务的功能。
2. 简述 NFS 服务的工作模式。
3. 简述/etc/exports 文件的内容。
4. 简述 showmount 命令的含义及用法。

第10章 FTP服务

10.1 FTP服务器配置

10.1.1 FTP简介

（1）FTP工作原理

文件传输协议（File Transfer Protocol，FTP）可以在网络中传输文档、图像、音频、视频以及应用程序等多种类型的文件。如果用户需要将文件从自己的计算机发送给另一台计算机，就可以使用FTP进行上传操作；而在更多的情况下，则是用户使用FTP从服务器上下载文件。FTP服务的具体工作过程如图10-1所示。

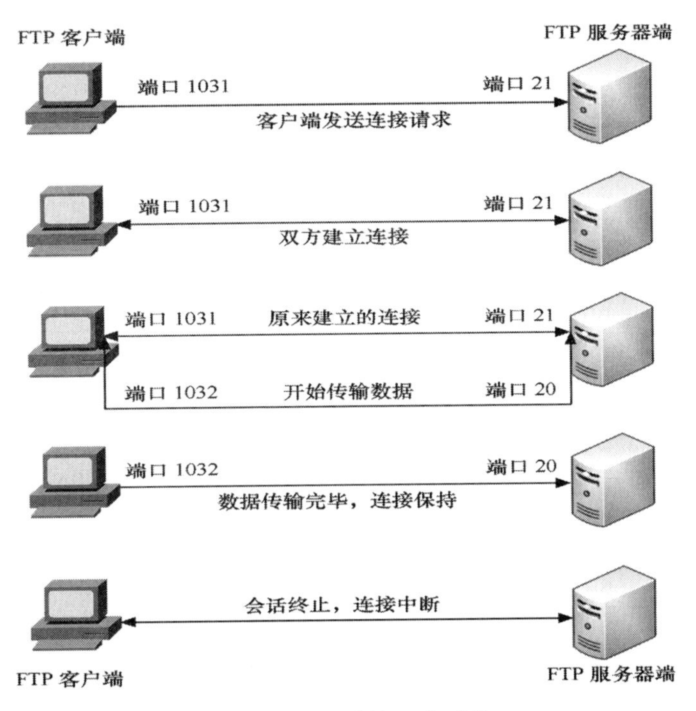

图10-1　FTP服务工作过程

①客户端向服务器发出连接请求，同时客户端系统动态地打开一个大于 1024 的端口等候服务器连接。

②若 FTP 服务器在端口 21 侦听到该请求，则会在客户端端口和服务器的 21 端口之间建立起一个 FTP 会话连接。

③传输数据时，客户端再动态地打开一个大于 1024 的端口连接到服务器的 20 端口。数据传输完毕后，这两个端口会自动关闭。

④客户端断开与服务器的连接时，客户端上动态分配的端口将自动释放。

（2）FTP 传输模式

①主动模式（PORT 模式）

主动模式的数据传输的专有连接是在建立控制连接（用户身份验证完成）之后，首先由 FTP 服务器使用 20 端口主动向客户端进行连接，建立专用于传输数据的连接，这种方式在网络管理上比较好控制。FTP 服务器上的端口 21 用于用户验证，端口 20 用于数据传输，只要将这两个端口开放就可以使用 FTP 功能了，此时客户端只是处于接收状态。

②被动模式（PASV 模式）

被动模式与主动模式不同，数据传输的专有连接是在建立控制连接（用户身份验证完成）后由客户端向 FTP 服务器发起连接的。客户端使用哪个端口，连接到 FTP 服务器的哪个端口都是随机产生的。服务器并不参与数据的主动传输，只是被动接受。

（3）FTP 用户

在访问 FTP 服务器时提供了三类用户，不同的用户具有不同的访问权限和操作方式。

①匿名用户

匿名用户是指在 FTP 服务器中没有指定账户，但是它仍然可以匿名访问某些公开的资源。使用匿名用户访问 FTP 服务器时使用账户 anonymous 或 ftp。

②本地用户

这类用户是指在 FTP 服务器上拥有账户。当这类用户访问 FTP 服务器的时候，其默认的主目录就是其账户命名的目录。但是它还可以变更到其他目录中去。

③虚拟用户

在 FTP 服务器中，使用这类用户只能访问其主目录下的文件，而不能访问主目录以外的文件。FTP 服务器通过这种方式来保障服务器上其他文件的安全性。

10.1.2 FTP 服务器软件包安装

配置 FTP 服务器之前，需要在 Linux 系统中查看是否安装了 vsftpd 软件包。如果没有，要事先安装好，如图 10-2 所示。

```
[root@localhost ~]#rpm  -qa |grep  vsftpd
[root@localhost ~]#yum  install  vsftpd-*  -y
```

```
[root@localhost ~]# rpm -qa|grep vsftpd
[root@localhost ~]# yum install vsftpd-* -y
已加载插件：langpacks, product-id, subscription-manager
This system is not registered to Red Hat Subscription Management. You can use su
bscription-manager to register.
iso                                              | 4.1 kB     00:00
正在解决依赖关系
--> 正在检查事务
---> 软件包 vsftpd.x86_64.0.3.0.2-9.el7 将被 安装
--> 解决依赖关系完成

依赖关系解决

================================================================================
 Package          架构            版本                   源              大小
================================================================================
正在安装:
 vsftpd           x86_64          3.0.2-9.el7            iso             166 k

事务概要
================================================================================
安装  1 软件包
```

图 10-2　安装 vsftpd

10.1.3　/etc/vsftpd/vsftpd.conf 文件配置

vsftpd 服务器的主配置文件是/etc/vsftpd/vsftpd.conf 文件，一般无需修改该文件就可以启动 vsftpd 服务器使用。在/etc/vsftpd/vsftpd.conf 配置文件中，以“#”开头的行是注释行，它为用户配置参数起到解释作用，这样的语句默认不会被系统执行。在该配置文件中所有的配置参数都是以“配置项目=值”这样的格式表示，如下所示：

```
[root@localhost ~]#cat /etc/vsftpd/vsftpd.conf
# Example config file /etc/vsftpd/vsftpd.conf
#
# The default compiled in settings are fairly paranoid. This sample file
# loosens things up a bit,to make the ftp daemon more usable.
# Please see vsftpd.conf.5 for all compiled in defaults.
#
# READ THIS: This example file is NOT an exhaustive list of vsftpd
options.
# Please read the vsftpd.conf.5 manual page to get a full idea of vsftpd's
# capabilities.
#
# Allow anonymous FTP? (Beware-allowed by default if you comment this
out).
anonymous_enable=YES
#
# Uncomment this to allow local users to log in.
# When SELinux is enforcing check for SE bool ftp_home_dir
```

```
local_enable=YES
#
# Uncomment this to enable any form of FTP write command.
write_enable=YES
#
# Default umask for local users is 077. You may wish to change this
to 022,
# if your users expect that (022 is used by most other ftpd's)
local_umask=022
#
# Uncomment this to allow the anonymous FTP user to upload files. This only
# has an effect if the above global write enable is activated. Also,
you will
# obviously need to create a directory writable by the FTP user.
# When SELinux is enforcing check for SE bool allow_ftpd_anon_write,
allow_ftpd_full_access
#anon_upload_enable=YES
#
# Uncomment this if you want the anonymous FTP user to be able to create
# new directories.
#anon_mkdir_write_enable=YES
#
# Activate directory messages - messages given to remote users when they
# go into a certain directory.
dirmessage_enable=YES
#
# Activate logging of uploads/downloads.
xferlog_enable=YES
#
# Make sure PORT transfer connections originate from port 20 (ftp-data).
connect_from_port_20=YES
#
# If you want, you can arrange for uploaded anonymous files to be
owned by
# a different user. Note! Using "root" for uploaded files is not
# recommended!
#chown_uploads=YES
#chown_username=whoever
#
```

```
# You may override where the log file goes if you like. The default
is shown
# below.
#xferlog_file=/var/log/xferlog
#
# If you want, you can have your log file in standard ftpd
xferlog format.
# Note that the default log file location is /var/log/xferlog in this
case.
xferlog_std_format=YES
#
# You may change the default value for timing out an idle session.
#idle_session_timeout=600
#
# You may change the default value for timing out a data connection.
#data_connection_timeout=120
#
# It is recommended that you define on your system a unique user
which the
# ftp server can use as a totally isolated and unprivileged user.
#nopriv_user=ftpsecure
#
# Enable this and the server will recognise asynchronous ABOR
requests. Not
# recommended for security (the code is non-trivial). Not enabling it,
# however,may confuse older FTP clients.
#async_abor_enable=YES
#
# By default the server will pretend to allow ASCII mode but in
fact ignore
# the request. Turn on the below options to have the server actually
do ASCII
# mangling on files when in ASCII mode.
# Beware that on some FTP servers, ASCII support allows a denial
of service
# attack (DoS) via the command "SIZE /big/file" in ASCII mode. vsftpd
# predicted this attack and has always been safe,reporting the size
of the
# raw file.
```

```
# ASCII mangling is a horrible feature of the protocol.
#ascii_upload_enable=YES
#ascii_download_enable=YES
#
# You may fully customise the login banner string:
#ftpd_banner=Welcome to blah FTP service.
#
# You may specify a file of disallowed anonymous e-mail addresses.
Apparently
# useful for combatting certain DOS attacks.
#deny_email_enable=YES
# (default follows)
#banned_email_file=/etc/vsftpd/banned_emails
#
# You may specify an explicit list of local users to chroot() to
their home
# directory. If chroot_local_user is YES, then this list becomes a
list of
# users to NOT chroot().
# (Warning! chroot'  ing can be very dangerous. If using chroot,make
sure that
# the user does not have write access to the top level directory
within the
# chroot)
#chroot_local_user=YES
#chroot_list_enable=YES
# (default follows)
#chroot_list_file=/etc/vsftpd/chroot_list
#
# You may activate the "-R" option to the builtin ls. This is disabled by
# default to avoid remote users being able to cause excessive I/O
on large
# sites. However,some broken FTP clients such as "ncftp" and "mirror"
assume
# the presence of the "-R" option, so there is a strong case for
enabling it.
#ls_recurse_enable=YES
#
# When "listen" directive is enabled, vsftpd runs in standalone
```

```
mode and
    # listens on IPv4 sockets. This directive cannot be used in conjunction
    # with the listen_ipv6 directive.
    listen=NO
    #
    # This directive enables listening on IPv6 sockets. By default,
listening
    # on the IPv6 "any" address (::) will accept connections from both IPv6
    # and IPv4 clients. It is not necessary to listen on * both* IPv4
and IPv6
    # sockets. If you want that (perhaps because you want to listen
on specific
    # addresses) then you must run two copies of vsftpd with two configuration
    # files.
    # Make sure,that one of the listen options is commented !!
    listen_ipv6=YES

    pam_service_name=vsftpd
    userlist_enable=YES
    tcp_wrappers=YES
```

下面介绍配置文件中可以添加和修改的主要参数。

①anonymous_enable=yes

设置是否允许匿名用户登录，yes 表示允许，no 表示不允许。

②local_enable=yes

设置是否允许本地用户登录，yes 表示允许，no 表示不允许。

③write_enable=yes

设置是否允许用户有写入权限，yes 表示允许，no 表示不允许。

④ftp_username=ftp

设置匿名用户所使用的系统用户名，默认值为 ftp。

⑤local_umask=022

设置本地用户新建文件时的 umask 值。

⑥local_root=/home

设置本地用户的根目录。

⑦anon_upload_enable=yes

设置是否允许匿名用户上传文件，yes 表示允许，no 表示不允许。

⑧anon_mkdir_write_enable=yes

设置是否允许匿名用户有创建目录的权限，yes 表示允许，no 表示不允许。

⑨anon_other_write_enable=yes

设置是否允许匿名用户有更改的权限，比如重命名和删除文件权限，yes 表示允许，

no 表示不允许。

⑩anon_world_readable_only=no

设置是否允许匿名用户下载可读的文件，yes 表示允许，no 表示不允许。

⑪dirmessage_enable=yes

设置是否显示目录说明文件，默认是 yes，但需要手工创建。message 文件允许为目录配置显示信息，显示每个目录下面的 message_file 文件的内容。

⑫message_file=. message

设置提示信息文件名，该参数只有在 dirmessage_enable 启用时才有效。

⑬download_enable=yes

设置是否允许下载，yes 表示允许，no 表示不允许。

⑭chown_upload=yes

设置是否允许修改上传文件的用户所有者，yes 表示允许，no 表示不允许。

⑮chown_username=whoever

设置想要修改的上传文件的用户所有者。

⑯idle_session_timeout=600

设置用户会话空闲超过指定时间后断开连接，单位为秒。

⑰data_connection_timeout=120

设置数据连接空闲超过指定时间后断开连接，单位为秒。

⑱accept_timeout=60

设置客户端空闲超过指定时间自动断开连接，单位为秒。

⑲connect_timeout=60

设置客户端空闲断开连接后在指定时间自动激活连接，单位为秒。

⑳max_clients=100

允许连接客户端的最大数量。0 表示不限制最大连接数。

㉑max_per_ip=5

设置每个 IP 地址的最大连接数。0 表示不限制最大连接数。

㉒anon_max_rate=51200

设置匿名用户传输数据的最大速度，单位是字节/秒。

㉓local_max_rate=5120000

设置本地用户传输数据的最大速度，单位是字节/秒。

㉔pasv_min_port=0

设置在被动模式连接 vsftpd 服务器时，服务器响应的最小端口号。0 表示任意，默认值为 0。

㉕pasv_max_port=0

设置在被动模式连接 vsftpd 服务器时，服务器响应的最大端口号。0 表示任意，默认值为 0。

㉖chroot_local_user=yes

设置是否将本地用户锁定在自己的主目录中。

㉗chroot_list_enable=yes

设置是否启用 chroot_list_file 配置项指定的用户列表文件。

㉘chroot_list_file=/etc/vsftpd/chroot_list

被列入该文件的用户，在登录后锁定用户在自己的主目录中。

㉙ascii_upload_enable=yes

设置是否使用 ASCII 模式上传文件，yes 表示使用，no 表示不使用。

㉚ascii_download_enable=yes

设置是否使用 ASCII 模式下载文件，yes 表示使用，no 表示不使用。

㉛ftpd_banner=Welcome to blah FTP service.

设置定制欢迎信息，登录时显示欢迎信息，如果设置了 banner_file 则此设置无效。

㉜banner_file=/etc/vsftpd/banner

设置登录信息文件的位置。

㉝xferlog_enable=yes

设置是否使用传输日志文件记录详细的下载和上传信息。

㉞xferlog_file=/var/log/xferlog

设置传输日志的路径和文件名，默认是/var/log/xferlog 日志文件位置。

㉟xferlog_std_format=yes

设置传输日志文件是否写入标准 xferlog 格式。

㊱guest_enable=no

设置是否启用虚拟用户，yes 表示启用，no 表示不启用。

㊲guest_username=ftp

设置虚拟用户在系统中的真实用户名，默认值为 ftp。

㊳userlist_enable=yes

设置是否允许由 userlist_file 文件中指定的用户登录 vsftpd 服务器。yes 表示允许登录 vsftpd 服务器。

㊴userlist_file=/etc/vsftpd/user_list

当 userlist_enable 选项激活时加载的文件名称。

㊵userlist_deny=yes

设置是否允许由 userlist_file 文件中指定的用户登录 vsftpd 服务器。yes 表示不允许登录 vsftpd 服务器，甚至连输入密码提示信息都没有。

㊶deny_email_enable=yes

设置是否提供一个关于匿名用户的密码电子邮件表以阻止以这些密码登录的匿名用户。默认情况下，这个列表文件是/etc/vsftpd. banner_emails，但也可以通过设置 banned_email_file 来改变默认值。

㊷banned_email_file=/etc/vsftpd/banned_emails

当 deny_email_enable=yes 时，设置包含被拒绝登录 vsftpd 服务器的电子邮件地址的文件。

㊸listen=no

设置是否启用独立进程控制 vsftpd，用在 IPv4 环境。yes 表示启用独立进程，no 表示启用 xinetd 进程。

㊹listen_ipv6=yes

设置是否启用独立进程控制 vsftpd，用在 IPv6 环境。yes 表示启用独立进程，no 表示启用 xinetd 进程。

㊺listen_address=192. 168. 0. 2

设置 vsftpd 服务器监听的 IP 地址。

㊻listen_port=21

设置 vsftpd 服务器监听的端口号。

㊼pam_service_name=vsftpd

设置使用 PAM 模块进行验证时的 PAM 配置文件名。

10. 1. 4　FTP 服务器配置实例

（1） 匿名用户访问设置

某公司完成 FTP 服务器搭建后，要对 vsftpd 进行配置，允许匿名用户访问 FTP 服务器，可以上传、下载文件，创建目录。

①建立测试文件

```
[root@localhost ~]#touch  /var/ftp/pub/test.txt
[root@localhost ~]#chmod  777  /var/ftp/pub
```

②修改/etc/vsftpd/vsftpd. conf 文件

```
[root@localhost ~]#vim  /etc/vsftpd/vsftpd.conf
anonymous_enable=yes
anon_upload_enable=yes
anon_mkdir_write_enable=yes
listen=yes
listen_ipv6=no
```

③让防火墙放行 ftp 服务

首先，单击“应用程序”→“杂项”→“防火墙”菜单，如图 10-3 所示，勾选“ftp”，配置选择“永久”。然后单击“选项”→“重载防火墙”。

最后，关闭 SELinux 防火墙。编辑/etc/sysconfig/selinux 文件，修改 SELINUX=disabled。

④启动 vsftpd 服务

```
[root@localhost ~]#systemctl  start  vsftpd
```

⑤开机自动启动 vsftpd 服务

```
[root@localhost ~]#systemctl  enable  vsftpd
```

（2） 本地用户访问设置

某公司完成 FTP 服务器搭建后，要对 vsftpd 进行配置，只能以本地用户访问 FTP 服务器，限制用户只能访问自己的目录。

①建立用户 user1 和 user2，并设置用户密码

```
[root@localhost ~]#useradd user1
[root@localhost ~]#useradd  user2
[root@localhost ~]#passwd  user1
```

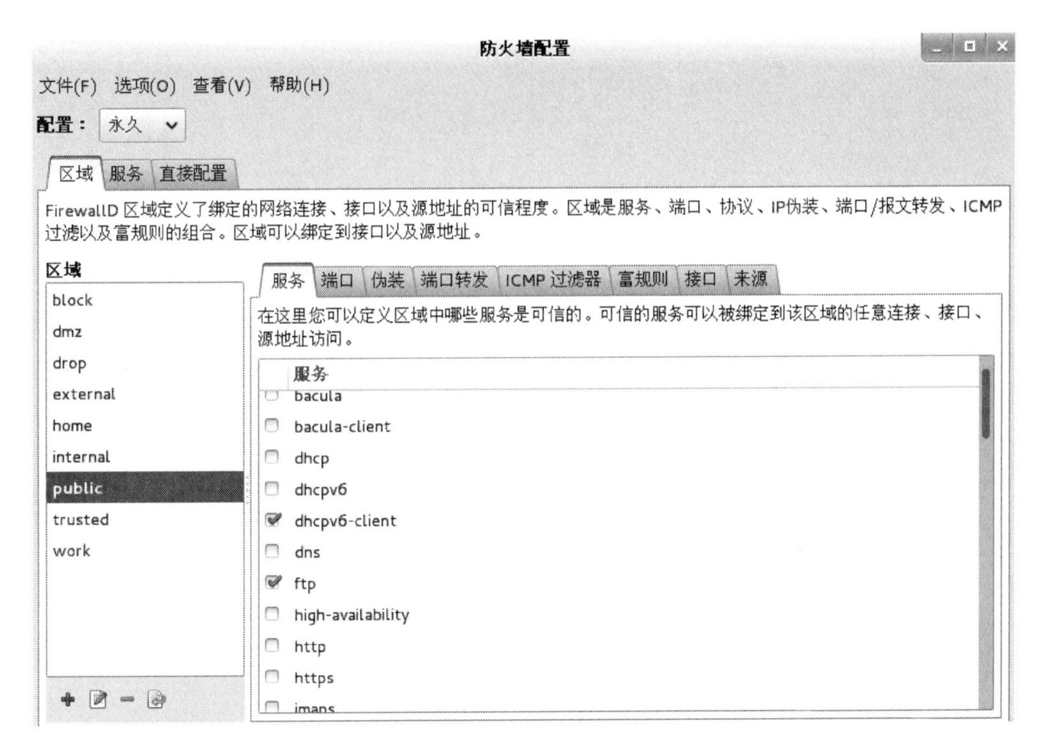

图 10-3　防火墙配置

```
[root@localhost~]#passwd  user2
```

②修改/etc/vsftpd/vsftpd.conf 文件

```
[root@localhost~]#vim  /etc/vsftpd/vsftpd.conf
anonymous_enable=no
local_enable=yes
local_root=/home
chroot_list_enable=yes
chroot_list_file=/etc/vsftpd/chroot_list
listen=yes
listen_ipv6=no
```

③编辑/etc/vsftpd/chroot_list 文件，添加需要锁定用户目录的账号（注意每个用户占一行）

```
[root@localhost~]#vim  /etc/vsftpd/chroot_list
user1
user2
```

④让防火墙放行 ftp 服务

首先，单击“应用程序”→“杂项”→“防火墙”菜单，如图 10-4 所示，勾选“ftp”，配置选择“永久”。然后单击“选项”→“重载防火墙”。

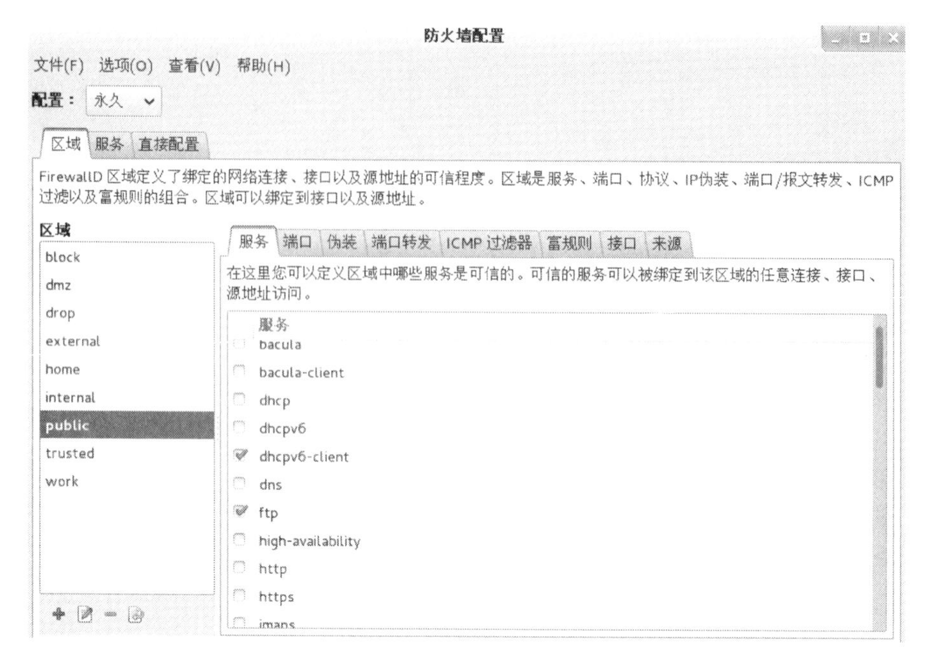

图 10-4　防火墙配置

最后，关闭 SELinux 防火墙。编辑/etc/sysconfig/selinux 文件，修改 SELINUX=disabled。

⑤启动 vsftpd 服务

```
[root@localhost ~]#systemctl  start  vsftpd
```

⑥开机自动启动 vsftpd 服务

```
[root@localhost ~]#systemctl  enable  vsftpd
```

10.2　FTP 客户端配置

10.2.1　Linux 客户端配置

可以在 Linux 系统中使用 ftp 命令来访问 vsftpd 服务器上的资源。

(1) 在 Linux 客户端安装 ftp 软件包

在 Linux 系统中先检查 ftp 软件包是否已安装，如果没有，要事先安装好，如图 10-5 所示。

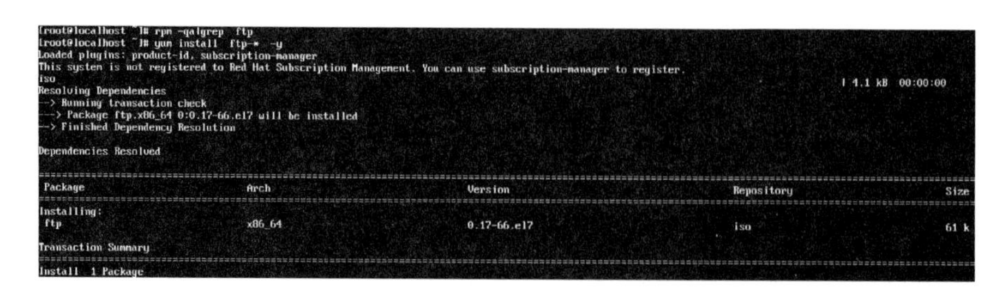

图 10-5　安装 ftp 软件

（2）使用 ftp 命令

ftp 是用户界面的 ARPANET 标准文件传输协议，该程序允许用户从远程网络站点转移文件。

格式：ftp ［选项］ ［FTP 服务器］

常用选项：

-v 显示详细信息。

-i 关闭交互过程中的多个文件传输提示。

-d 启用调试。

使用 ftp 命令匿名连接到 FTP 服务器，匿名用户为 anonymous，密码为空。登录后所在 FTP 的目录为/var/ftp，如图 10-6 所示。

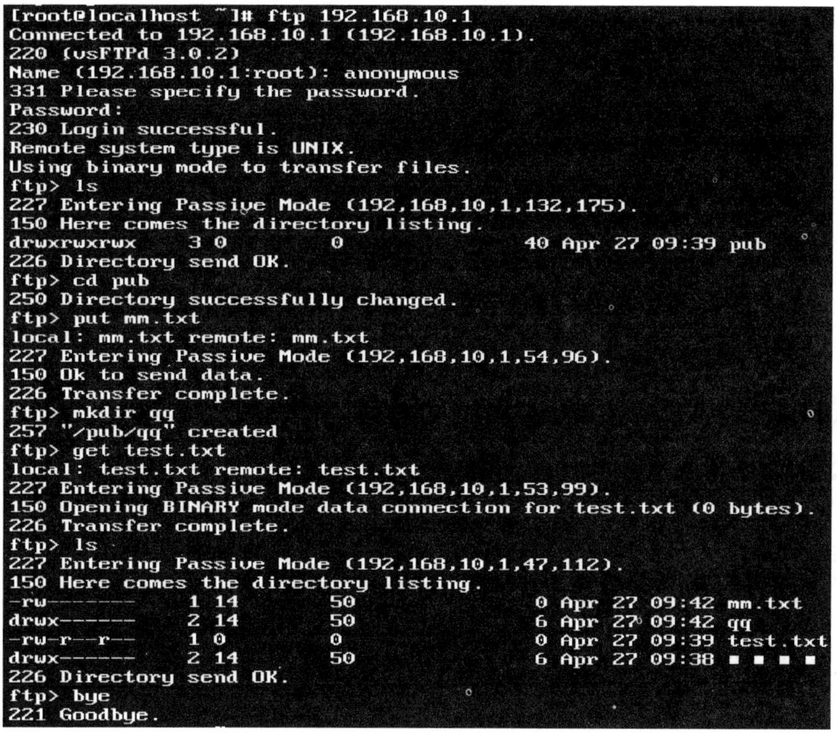

```
[root@localhost ~]# ftp 192.168.10.1
Connected to 192.168.10.1 (192.168.10.1).
220 (vsFTPd 3.0.2)
Name (192.168.10.1:root): anonymous
331 Please specify the password.
Password:
230 Login successful.
Remote system type is UNIX.
Using binary mode to transfer files.
ftp> ls
227 Entering Passive Mode (192,168,10,1,132,175).
150 Here comes the directory listing.
drwxrwxrwx    3 0        0              40 Apr 27 09:39 pub
226 Directory send OK.
ftp> cd pub
250 Directory successfully changed.
ftp> put mm.txt
local: mm.txt remote: mm.txt
227 Entering Passive Mode (192,168,10,1,54,96).
150 Ok to send data.
226 Transfer complete.
ftp> mkdir qq
257 "/pub/qq" created
ftp> get test.txt
local: test.txt remote: test.txt
227 Entering Passive Mode (192,168,10,1,53,99).
150 Opening BINARY mode data connection for test.txt (0 bytes).
226 Transfer complete.
ftp> ls
227 Entering Passive Mode (192,168,10,1,47,112).
150 Here comes the directory listing.
-rw-------    1 14       50              0 Apr 27 09:42 mm.txt
drwx------    2 14       50              6 Apr 27 09:42 qq
-rw-r--r--    1 0        0               0 Apr 27 09:39 test.txt
drwx------    2 14       50              6 Apr 27 09:38 ■■■■
226 Directory send OK.
ftp> bye
221 Goodbye.
```

图 10-6 匿名登录 FTP 服务器

本地用户登录 FTP 服务器时，使用 ftp 命令，输入本地用户名和密码即可，如图 10-7 所示。

ftp 子命令含义如表 10-1 所示。

表 10-1　　ftp 子命令含义

子命令	描述
bye	结束 ftp 会话并退出 ftp
cd	更改远程工作目录

续表

子命令	描述
chmod	更改远程文件或目录权限
delete	删除远程文件或目录
get	接收文件
ls	列出远程目录内容
mkdir	远程创建目录
put	发送文件
pwd	显示远程工作目录
?	显示本地帮助信息

```
[root@localhost ~]# ftp 192.168.10.1
Connected to 192.168.10.1 (192.168.10.1).
220 (vsFTPd 3.0.2)
Name (192.168.10.1:root): user1
331 Please specify the password.
Password:
230 Login successful.
Remote system type is UNIX.
Using binary mode to transfer files.
ftp> pwd
257 "/"
ftp> ls
227 Entering Passive Mode (192,168,10,1,203,104).
150 Here comes the directory listing.
drwx------   14 1000     1000         4096 Apr 23 02:07 sdcm
drwx------    3 1002     1002           74 Apr 27 10:35 user1
drwx------    3 1003     1003           74 Apr 27 10:35 user2
drwx------    3 1001     1001           74 Apr 25 07:05 zhangsan
226 Directory send OK.
ftp> cd user2
550 Failed to change directory.
ftp> cd home
550 Failed to change directory.
```

图 10-7　本地用户登录 FTP 服务器

10.2.2　Windows 客户端配置

在 Windows 客户端的资源管理器中输入 ftp：//192.168.10.1，即可访问 FTP 服务器上的资源。图 10-8 为匿名登录 FTP 服务器。图 10-9、图 10-10 为使用本地用户账号登录 FTP 服务器。

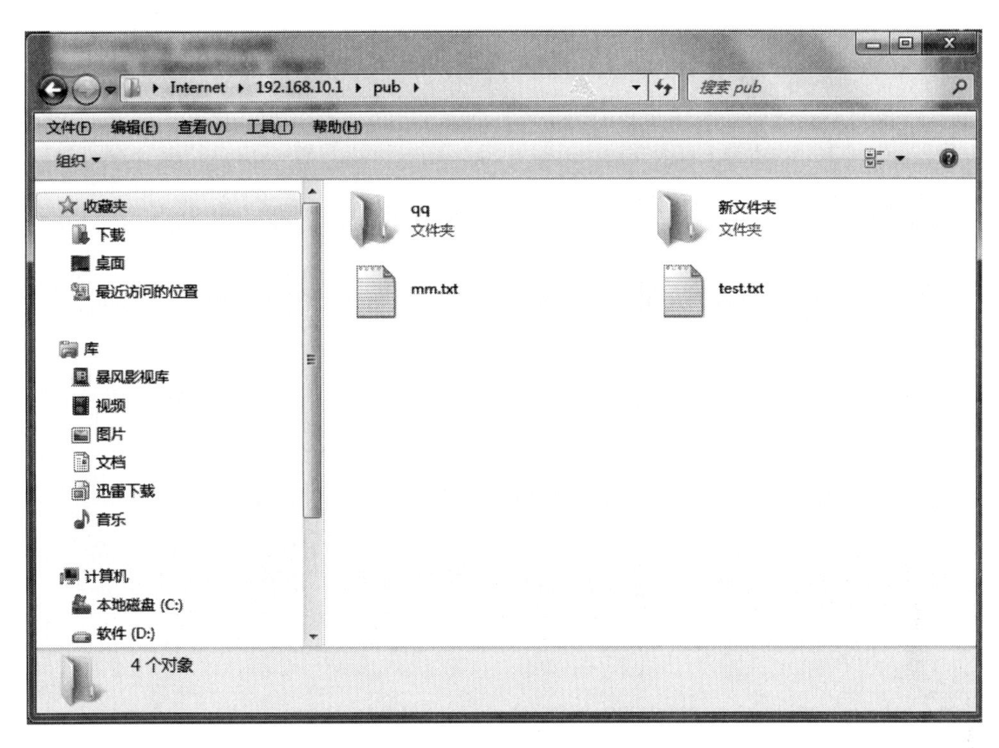

图 10-8 匿名登录 FTP 服务器

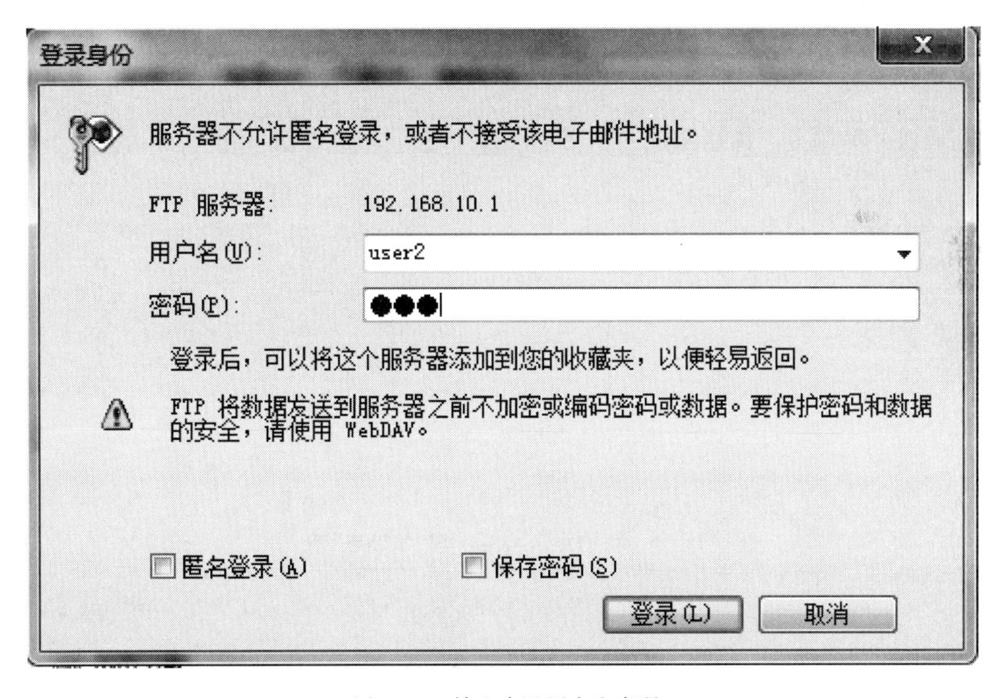

图 10-9 输入本地用户和密码

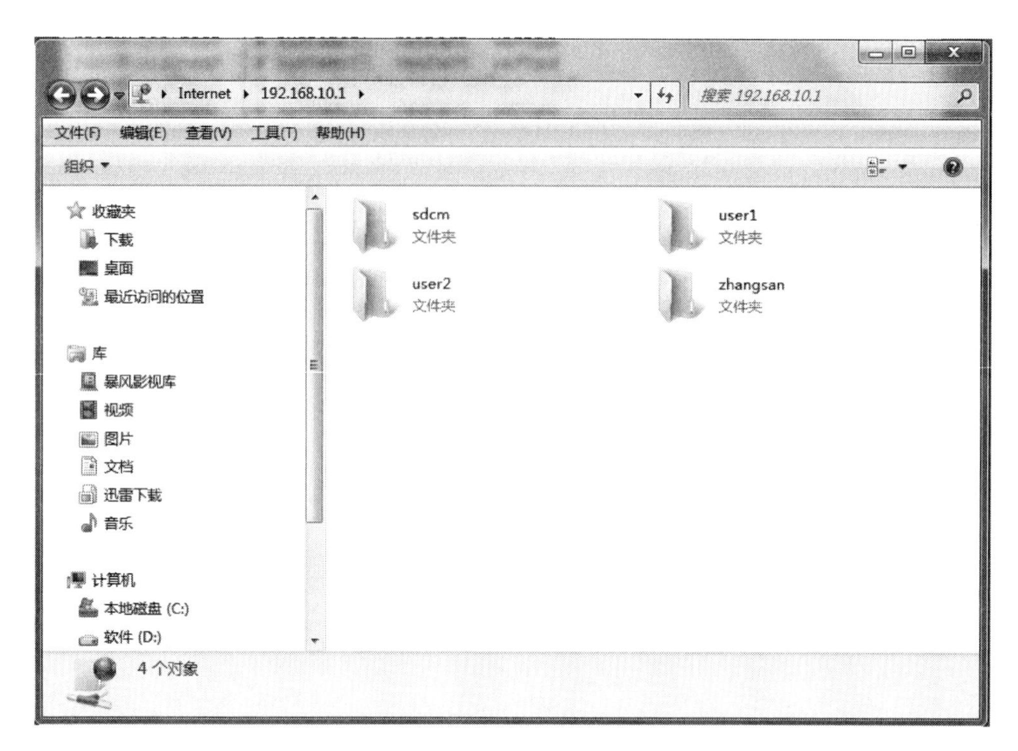

图 10-10　本地用户登录 FTP 服务器

习题

1. 简述 FTP 服务工作原理。
2. 简述 FTP 传输模式。
3. 简述 FTP 用户类型。
4. 简述 ftp 命令的含义及用法。

DNS 服务

第 11 章

11.1 DNS 服务器配置

11.1.1 DNS 简介

（1）域名空间

DNS（Domain Name Service，域名服务）提供了网络访问中域名和 IP 地址的相互转换。DNS 是一个分布式数据库，命名系统采用层次的逻辑结构，如同一棵倒置的树，这个逻辑的树形结构称为域名空间。由于 DNS 划分了域名空间，所以各个机构可以使用自己的域名空间创建 DNS 信息，如图 11-1 所示。

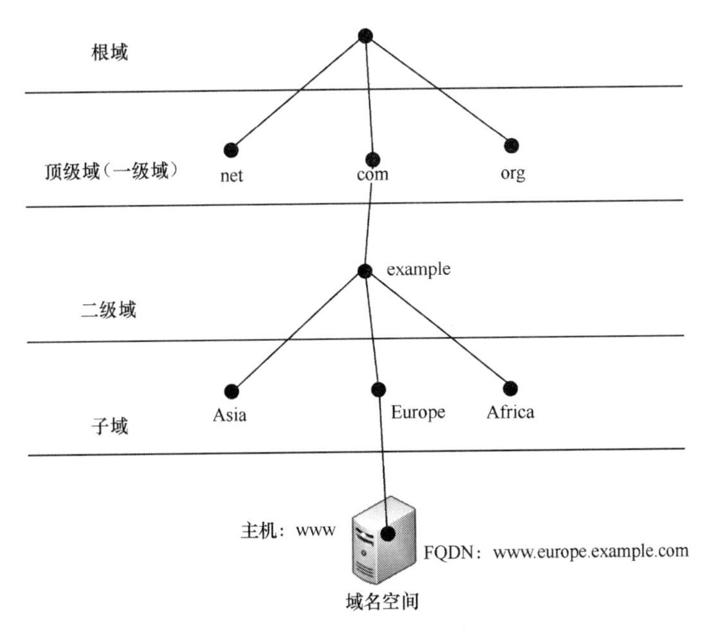

图 11-1　域名空间结构

①域和域名

DNS 树的每个节点代表一个域，通过这些节点，对整个域名空间进行划分，成为一个层次结构。域名空间的每个域的名字通过域名进行表示。域名通常由一个完全正式域名（FQDN）标识。FQDN 能够准确地表示节点到 DNS 树根的完整表述，从节点到树根反向书写，并将每个节点用“.”隔开。

②Internet 域名空间

Internet 域名空间结构为一棵倒置的树，如图 11-1 所示。DNS 的根称为根域（root），其记录着 Internet 的重要 DNS 信息，由 Internet 域名注册授权机构管理。该机构把域名空间各部分的管理责任分配给连接到 Internet 的各个组织。根域下面是顶级域，又称为一级域。其下层为二级域，再下层为二级域的子域，按照需要进行规划，可以为多级。

③区（Zone）

区是 DNS 名称空间的一个连续部分，其包含了一组存储在 DNS 服务器上的资源记录。每个区都位于一个特殊的域节点，但区不是域。域是名称空间的一个分支，区是存储在文件中的 DNS 名称空间的某一部分，可以包括多个域。一个域可以再划分成几个部分，每个部分或区可以由一台 DNS 服务器控制。

（2）DNS 服务器类型

根据管理 DNS 区域的不同，DNS 服务器也有以下 4 种类型：

①主 DNS 服务器

管理主要区域，主要区域的集中更新源。主 DNS 服务器从域管理员构造的本地磁盘文件中加载域信息，该文件包含着该服务器具有管理权的一部分域结构的最精确的信息。

②辅助 DNS 服务器

分担主 DNS 服务器的查询负载，避免单点故障。在辅助 DNS 服务器和主 DNS 服务器之间存在区域复制，用于从主 DNS 服务器更新数据。

③转发 DNS 服务器

当本地 DNS 服务器无法本地解析 DNS 客户端请求时，转发 DNS 服务器转发 DNS 客户端发送的解析请求到上游 DNS 服务器。

④缓存 DNS 服务器

缓存 DNS 服务器没有管理任何区域，只能缓存 DNS 名称，通过查询其他 DNS 服务器并将获得的信息存放在缓存中来答复 DNS 客户端的解析请求。

（3）DNS 查询模式

①递归查询

当收到 DNS 客户端的查询请求后，DNS 服务器在自己的缓存或区域数据库中查找，如果找到则返回结果，如果找不到，该服务器会询问其他服务器，并将返回的查询结果提交给客户端。

②迭代查询

当收到 DNS 客户端的查询请求后，如果在 DNS 服务器中没有查到所需数据，该 DNS 服务器便会告诉 DNS 客户端另外一台 DNS 服务器的 IP 地址，然后，由 DNS 客户端自行向此 DNS 服务器查询，依次类推，一直到查到所需数据为止。如果查询到最后一台 DNS 服务器都没有查到所需数据，则通知 DNS 客户端查询失败。

（4）域名解析过程

域名解析的工作过程如图 11-2 所示。

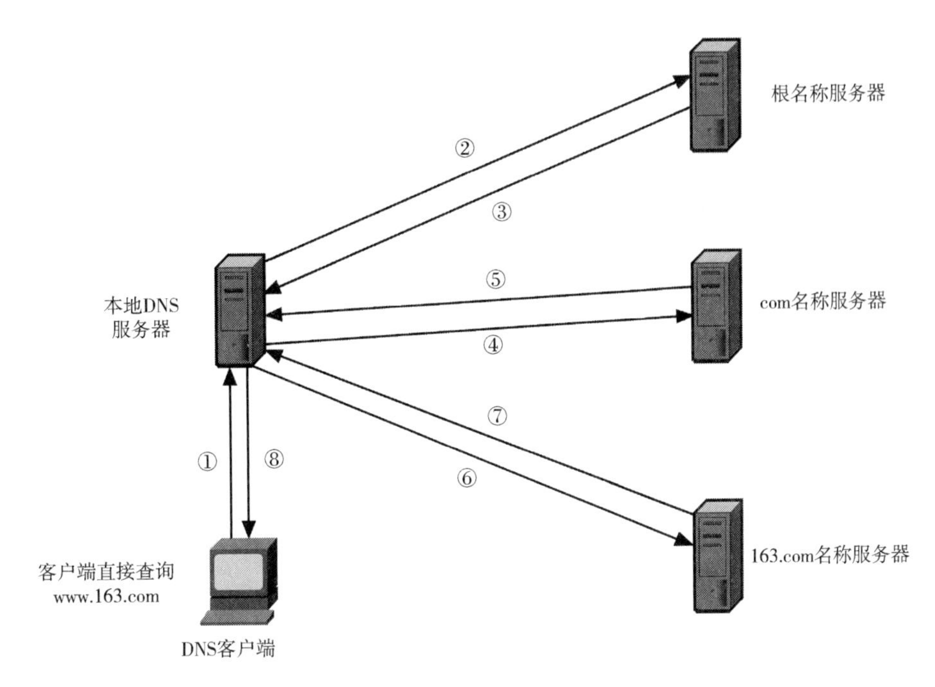

图 11-2 域名解析工作过程

①客户端提交域名解析请求，并将该请求发送给本地的 DNS 服务器。

②本地 DNS 服务器首先查询本地缓存。如果有 DNS 信息记录，则返回查询结果。否则，此请求发送给根名称服务器。

③根名称服务器再返回给本地 DNS 服务器一个所查询域的顶级域名服务器的地址。

④本地 DNS 服务再向顶级域名服务器发送请求。

⑤顶级域名服务器查询其缓存和记录，如果有相关信息则返回客户端查询结果，否则通知客户端下级的域名服务器的地址。

⑥本地 DNS 服务器将查询请求发送给返回的 DNS 服务器。

⑦该服务器返回查询结果。如果该服务器不包含查询信息，则查询过程将重复⑥⑦步骤，直到返回查询结果或解析失败。

⑧本地 DNS 服务器将返回的结果保存到缓存，并返回给客户端。

（5）DNS 解析类型

①正向查找解析

由域名到 IP 地址的解析过程。

②反向查找解析

由 IP 地址到域名的解析过程。

11.1.2 DNS 服务器软件包安装

配置 DNS 服务器之前，需要在 Linux 系统中查看是否安装了 bind 和 bind-libs 软件包。

如果没有，要事先安装好，如图 11-3 所示。

```
[root@localhost~]#rpm  -qa |grep  bind
[root@localhost~]#yum  install  bind-*   -y
```

```
[root@localhost ~]# yum  install  bind-*  -y
已加载插件：langpacks, product-id, subscription-manager
This system is not registered to Red Hat Subscription Management. You can use su
bscription-manager to register.
iso                                                    | 4.1 kB     00:00
软件包 32:bind-libs-9.9.4-14.el7.x86_64 已安装并且是最新版本
软件包 32:bind-utils-9.9.4-14.el7.x86_64 已安装并且是最新版本
软件包 32:bind-license-9.9.4-14.el7.noarch 已安装并且是最新版本
软件包 32:bind-libs-lite-9.9.4-14.el7.x86_64 已安装并且是最新版本
正在解决依赖关系
--> 正在检查事务
---> 软件包 bind.x86_64.32.9.9.4-14.el7 将被 安装
---> 软件包 bind-chroot.x86_64.32.9.9.4-14.el7 将被 安装
---> 软件包 bind-dyndb-ldap.x86_64.0.3.5-4.el7 将被 安装
--> 解决依赖关系完成

依赖关系解决
```

Package	架构	版本	源	大小
正在安装:				
bind	x86_64	32:9.9.4-14.el7	iso	1.8 M

图 11-3　安装 DNS 服务器软件包

11.1.3　/etc/named.conf 文件配置

DNS 服务器的主配置文件是/etc/named.conf 文件，该文件的内容由全局配置和局部配置两个部分构成。全局配置部分主要是用来设置对 DNS 服务器整体生效的内容，而局部配置部分是用来设置区域名、区域类型和区域文件名等内容。在/etc/named.conf 配置文件中，以“#”开头的行是注释行，它为用户配置参数起到解释作用，这样的语句默认不会被系统执行。如下所示：

```
[root@localhost~]#cat  /etc/named.conf
//
// named.conf
//
// Provided by Red Hat bind package to configure the ISC BIND named
(8) DNS
// server as a caching only nameserver (as a localhost DNS resolver
only).
//
// See /usr/share/doc/bind* /sample/ for example named configuration files.
//第一部分:全局配置
options {
```

```
    listen-on port 53 { 127.0.0.1; };
    listen-on-v6 port 53 { ::1; };
    directory  "/var/named";
    dump-file  "/var/named/data/cache_dump.db";
    statistics-file  " /var/named/data/named_stats.txt";
    memstatistics-file  " /var/named/data/named_mem_stats.txt";
    allow-query     { localhost; };

    /*
     - If you are building an AUTHORITATIVE DNS server, do NOT enable
       recursion.
     - If you are building a RECURSIVE (caching) DNS server, you need
       to enable
       recursion.
     - If your recursive DNS server has a public IP address, you MUST
       enable access
       control to limit queries to your legitimate users. Failing to do
       so will
       cause your server to become part of large scale DNS amplification
       attacks. Implementing BCP38 within your network would greatly
       reduce such attack surface
  * /
  recursion yes;
  dnssec-enable yes;
  dnssec-validation yes;
  dnssec-lookaside auto;

  /*  Path to ISC DLV key * /
  bindkeys-file "/etc/named.iscdlv.key";
  managed-keys-directory "/var/named/dynamic";
  pid-file "/run/named/named.pid";
  session-keyfile "/run/named/session.key";
};

  logging {
        channel default_debug {
                file " data/named.run";
                severity dynamic;
        };
```

```
};
//第二部分：局部配置
    zone " ." IN {
          type hint;
          file " named.ca";
};

    include "/etc/named.rfc1912.zones";
    include "/etc/named.root.key";
```

下面从全局配置、局部配置和区域类型三个部分描述/etc/named.conf 文件。

（1）全局配置

①options { } 部分

设置服务器的全局配置选项及一些默认设置。

②listen-on port 53 { 127.0.0.1; };

设置监听的 DNS 服务器 IPv4 端口和 IP 地址，这里必须将 127.0.0.1 改为 DNS 服务器的 IPv4 地址。

③listen-on-v6 port 53{ ::1; };

设置监听的 DNS 服务器 IPv6 端口和 IP 地址，这里必须将::1 改为 DNS 服务器的 IPv6 地址。

④directory "/var/named";

设置 DNS 服务器区域文件存储目录。

⑤dump-file "/var/named/data/cache_dump.db";

设置失效时的 dump 文件。

⑥statistics-file "/var/named/data/named_ stats.txt";

设置 named 服务的记录文件。

⑦allow-query { localhost; };

指定允许进行查询的主机。

⑧allow-transfer { none; };

指定允许接受区域传输的辅助服务器。

⑨recursion yes;

设置是否启用递归式 DNS 服务器。

⑩forwarders { 192.168.0.30; };

设置 DNS 转发器。

⑪forward only;

设置在转发查询前是否进行本地查询。其中设置 only 表示 DNS 服务器只进行转发查询，first 表示 DNS 服务器在做本地查询失败后转发查询到其他 DNS 服务器。

⑫datasize 100M;

设置 DNS 缓存大小。

（2）局部配置

①zone “.” IN { } 部分

设置区域的相关信息。

②type hint;

设置区域的类型，如表 11-1 所示。

表 11-1　　DNS 区域类型

区域类型	描述
主要区域（master）	在主要区域中可以创建、修改、读取和删除资源记录
辅助区域（slave）	从主要区域处复制区域数据库文件，在辅助区域中只能读取资源记录，不能创建、修改和删除资源记录
存根区域（stub）	从主要区域处复制区域数据库文件中的 SOA、NS 和 A 记录，在存根区域中只能读取资源记录，不能创建、修改和删除资源记录
转发区域（forward）	当客户端需要解析资源记录时，DNS 服务器将解析请求转发到其他 DNS 服务器
根区域（hint）	从根服务器中解析资源记录

③file “named.ca”;

设置区域文件名称。

11.1.4　配置 DNS 区域文件

（1）本地区域文件

编辑完/etc/named.conf 文件后，必须在/var/named 目录下为每一个区域创建区域文件，在区域文件中添加各类资源记录，这样才能为客户端提供域名解析服务。在/var/named 目录下默认有 named.localhost 和 named.loopback 两个文件。named.localhost 文件是本地域正向区域文件，用于将名字 localhost 转换为本地回路 IP 地址 127.0.0.1 的区域文件。named.loopback 文件是本地域反向区域文件，用于将本地回路 IP 地址 127.0.0.1 转换为名字 localhost 的区域文件。

```
[root@localhost ~]#cat  /var/named/named.localhost
//设置资源记录默认使用的 TTL 值
$ TTL 1D
//设置 SOA 资源记录
@     IN SOA     @   rname.invalid. (
                                0; serial
                                1D; refresh
                                1H; retry
                                1W; expire
                                3H ); minimum
//设置NS 资源记录
        NS   @
```

//设置A 资源记录

　　A　127.0.0.1

//设置AAAA 资源记录

　　AAAA　::1

（2）资源记录

资源记录是用于答复 DNS 客户端请求的 DNS 数据库记录，每一个 DNS 服务器包含了它所管理的 DNS 命名空间的所有资源记录。资源记录包含和特定主机有关的信息，比如 IP 地址、提供服务的类型等。常见的 DNS 资源记录类型如表 11-2 所示。

表 11-2　　DNS 资源记录类型

资源记录类型	说明	描述
起始授权结构（SOA）	起始授权机构	SOA 记录指定区域的起点。包含区域名、区域管理员电子邮件地址，以及指示辅助 DNS 服务器如何更新区域数据文件的设置等信息
主机（A）	IPv4 地址	A 记录是名称解析的重要记录，用于将计算机的完全合格域名（FQDN）映射到对应主机的 IP 地址上。可以在 DNS 服务器中手动创建或通过 DNS 客户端动态更新来创建
主机（AAAA）	IPv6 地址	AAAA 记录是用来将域名解析到 IPv6 地址的 DNS 记录
别名（CNAME）	标准名称	CNAME 记录用于将某个别名指向到某个主机（A）记录上，从而无需为某个需要新名称解析的主机额外创建 A 记录
邮件交换器（MX）	邮件交换器	MX 记录列出了负责接收发到域中的电子邮件的主机，通常用于邮件的收发，需要指定优先级
名称服务器（NS）	名称服务器	NS 记录指定负责此 DNS 区域的权威名称服务器
指针（PTR）	指针记录	和 A 记录相反，它是记录 IP 地址映射为计算机的完全合格域名（FQDN）

（3）SOA 资源记录描述

在 DNS 区域文件中首先需要写入的是 SOA 资源记录，该记录用来定义主 DNS 服务器域名，以及与辅助 DNS 服务器更新时的版本和时间信息。这些信息将控制辅助 DNS 服务器区域更新时的频繁程度。SOA 资源记录的语法格式如下所示，一般区域名可以用@表示，IN 是指将记录标识为一个 Internet DNS 资源记录。

区域名记录类型 SOA 主 DNS 服务器域名 管理员邮件地址（
　　　　序列号
　　　　刷新时间
　　　　重试时间
　　　　过期时间
　　　　最小 TTL）

/var/named/named.localhost 区域文件中的 SOA 资源记录内容如下。（默认时间为秒，D 表示天，H 表示小时，W 表示星期。）

```
@    IN   SOA  @   rname.invalid. (
                        0   ; serial
```

```
        1D  ; refresh
        1H  ; retry
        1W  ; expire
        3H)  ; minimum
```

在 SOA 资源记录中需要添加的字段含义如表 11-3 所示。

表 11-3　　SOA 资源记录中字段含义

字段	描述
主 DNS 服务器域名	管理此区域的主 DNS 服务器的完全合格域名（FQDN）
管理员邮件地址	管理此区域的负责人的电子邮件地址，请注意，在电子邮件地址名称中使用“.”，而不是使用“@”
序列号（serial）	此区域文件的修改版本号，每次更改区域文件时都将增加此数字。这样所做的更改都将复制到任何辅助 DNS 服务器上
刷新时间（refresh）	辅助 DNS 服务器等待多长时间将连接到主 DNS 服务器复制资源记录。辅助 DNS 服务器比较自己和主 DNS 服务器的 SOA 记录的序列号，如果两者不一样，则辅助 DNS 服务器开始从主 DNS 服务器上复制资源记录
重试时间（retry）	如果辅助 DNS 服务器连接主 DNS 服务器失败，等待多长时间后再次连接到主 DNS 服务器。通常情况下重试时间小于刷新时间
过期时间（expire）	当这个时间到期后，如果辅助 DNS 服务器一直都无法连接到主 DNS 服务器，则辅助 DNS 服务器会把它的区域文件内的资源记录当作不可靠数据
最小 TTL（默认）（minimum）	是指区域文件中的所有资源记录的生存时间的最小值，这些记录应在 DNS 缓存中保留的时间

11.1.5　主 DNS 服务器配置实例

在公司内部配置一台主 DNS 服务器，为公司网络内的客户端计算机提供正向域名和反向域名解析服务，主 DNS 服务器 IP 地址为 192.168.10.1，WWW 服务器地址为 192.168.10.3，所在域为 example.com，反向区域名为 10.168.192.in-addr.arpa。正向区域文件名称为/var/named/example.com.zone，反向区域文件名称为/var/named/10.168.192.in-addr.arpa.zone。

①修改主配置文件/etc/named.conf

```
[root@localhost ~]#vim  /etc/named.conf
options {
        listen-on port 53 { any; };         //“127.0.0.1”改成“any”
        listen-on-v6 port 53 { ::1; };
        directory       "/var/named";
        dump-file       "/var/named/data/cache_dump.db";
        statistics-file "/var/named/data/named_stats.txt";
```

```
        memstatistics-file "/var/named/data/named_mem_stats.txt";
        allow-query     { any; };           //"localhost"改成"any"
        recursion yes;

        dnssec-enable yes;
        dnssec-validationyes;
        dnssec-lookaside auto;
            };
zone "." IN {   //以下4行是根域设置，区域文件为/vae/named/name.ca，不可省略
        type hint;
        file "named.ca";
};
zone "example.com" {                    //区域名为"example.com"
        type  master;                   //区域类型为master
       file"example.com.zone";          //区域解析文件为/var/named/
                                          example.com.zone
};
zone "10.168.192.in-addr.arpa" {    //区域名为"10.168.192.in-
                                      addr.arpa"
       type  master;                  //区域类型为master
       file"10.168.192.in-addr.arpa.zone";   //区域解析文件为/var/
                                             named/10.168.192.in-
                                             addr.arpa.zone
};
```

②建立正向区域文件/var/named/example.com.zone

```
[root@localhost~]#vim    /var/named/example.com.zone
$ TTL   38400
@       IN   SOA   example.com.   root.example.com. (
                                    1268360234       ; serial
                                    10800            ; refresh
                                    3600             ; retry
                                    604800           ; expire
                                    38400 )          ; minimum
@               IN        NS   dns.example.com.
dns             IN        A    192.168.10.1
www             IN        A    192.168.10.3
```

③建立反向区域文件/var/named/10.168.192.in-addr.arpa.zone

```
[root@localhost~]#vim  /var/named/10.168.192.in-addr.arpa.zone
$ TTL   38400
```

```
@       IN  SOA   example.com.   root.example.com. (
                                      1268360234      ; serial
                                      10800           ; refresh
                                      3600            ; retry
                                      604800          ; expire
                                      38400 )         ; minimum
@       IN      NS              dns.example.com.
1       IN      PTR             dns.example.com.
3       IN      PTR             www.example.com.
```

④让防火墙放行 nfs 服务

首先，单击“应用程序”→“杂项”→“防火墙”菜单，如图 11-4 所示，勾选“dns”，配置选择“永久”。然后单击“选项”→“重载防火墙”。

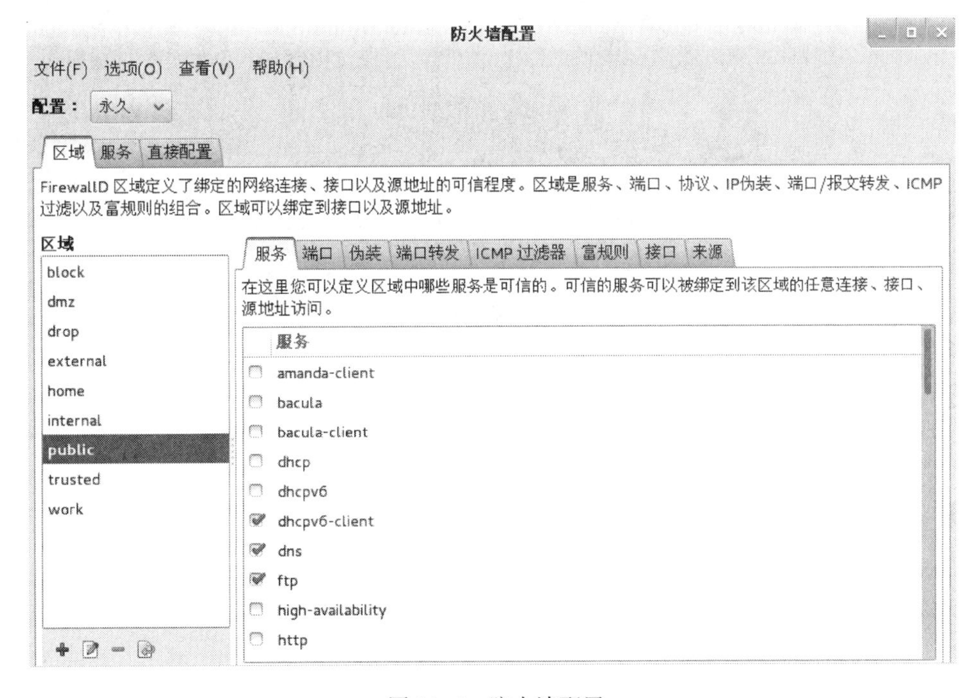

图 11-4　防火墙配置

最后，关闭 SELinux 防火墙。编辑/etc/sysconfig/selinux 文件，修改 SELINUX=disabled。

⑤启动 named 服务

```
[root@localhost ~]#systemctl  start  named
```

⑥开机自动启动 named 服务

```
[root@localhost ~]#systemctl  enable  named
```

11.2 DNS 客户端配置

11.2.1 Linux 客户端配置

（1）在 Linux 客户端安装软件包

在 Linux 系统中先检查 bind-utils 软件包是否已安装，如果没有，要事先安装好，如图 11-5 所示。

```
[root@localhost ~]#rpm  -qa |grep  bind-utils
[root@localhost ~]#yum  install  bind-utils-*   -y
```

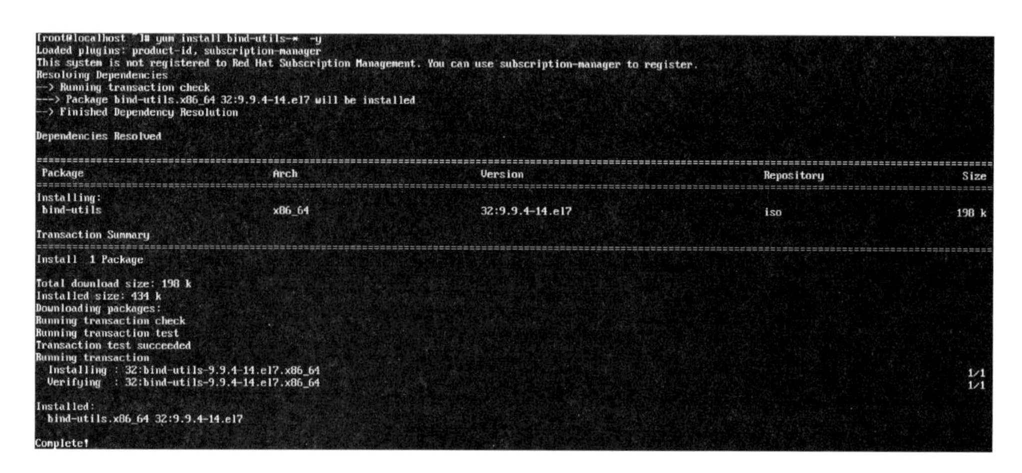

图 11-5　安装 DNS 客户端软件包

（2）配置/etc/resolv. conf 文件

在 Linux 客户端直接修改/etc/resolv. conf 文件，设置 nameserver 参数来指定 DNS 服务器的 IP 地址，使得该客户端能从 DNS 服务器解析记录。

```
[root@localhost ~]#vim  /etc/resolv.conf
nameserver  192.168.10.1
```

客户端可以使用 host 或 nslookup 命令解析 DNS 资源记录。

格式：host　[选项]　[主机名 | 地址]　[服务器]

常用选项：

-l　显示域内所有的主机。

-t<类型>　指定查询类型，可以是 CNAME、NS、MX、SOA、AAAA、A、PTR。

-v　输出详细信息。

-a　相当于-v-t ANY。

解析 example. com 区域中 A 记录的详细信息，解析 10. 168. 192. in-addr. arpa 区域中的 PTR 记录，如图 11-6 所示。

```
[root@localhost ~]# host  -a  dns.example.com
Trying "dns.example.com"
;; ->>HEADER<<- opcode: QUERY, status: NOERROR, id: 18309
;; flags: qr aa rd ra; QUERY: 1, ANSWER: 1, AUTHORITY: 1, ADDITIONAL: 0

;; QUESTION SECTION:
;dns.example.com.                IN      ANY

;; ANSWER SECTION:
dns.example.com.        38400    IN      A       192.168.10.1

;; AUTHORITY SECTION:
example.com.            38400    IN      NS      dns.example.com.

Received 63 bytes from 192.168.10.1#53 in 1 ms
[root@localhost ~]# host 192.168.10.3
3.10.168.192.in-addr.arpa domain name pointer www.example.com.
```

图 11-6　host 命令解析记录

11.2.2　Windows 客户端配置

以 Windows 7 系统为例，设置客户端首选 DNS 服务器 IP 地址为 Linux DNS 服务器的地址，如图 11-7 所示。在 cmd 命令窗口中，输入 nslookup 命令，解析 DNS 资源记录，如图 11-8 所示。

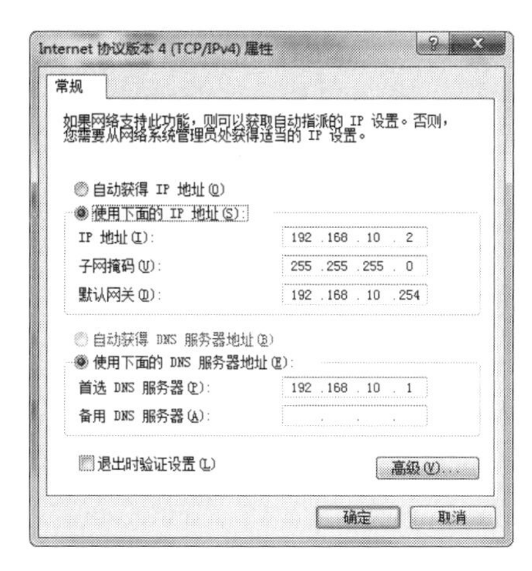

图 11-7　设置首选 DNS 服务器地址

```
管理员: 命令提示符 - nslookup
C:\Users\Administrator>nslookup
默认服务器:  dns.example.com
Address:  192.168.10.1

> www.example.com
服务器:  dns.example.com
Address:  192.168.10.1

DNS request timed out.
    timeout was 2 seconds.
DNS request timed out.
    timeout was 2 seconds.
名称:    www.example.com
Address:  192.168.10.3

> 192.168.10.3
服务器:  dns.example.com
Address:  192.168.10.1

名称:    www.example.com
Address:  192.168.10.3

>
```

图 11-8　DNS 解析结果

习题

1. 简述 DNS 的查询模式。
2. 简述 DNS 服务器的类型。
3. 简述 DNS 解析类型。
4. 简述 DNS 资源记录类型。

第12章 Web服务

12.1 Web服务器配置

12.1.1 Web服务简介

(1) Web服务概述

WWW (World Wide Web, 万维网) 服务是解决应用程序之间相互通信的一项技术。通过Web, 互联网上的资源可以比较直观地在一个网页里表示出来, 而且在网页上可以互相链接。Web是一种超文本信息系统, 其主要实现方式是超文本链接, 它使得文本不再像一本书一样是固定的、线性的, 而是可以从一个位置跳转到另外一个位置。想要了解某一个主题的内容, 只要在这个主题上点击一下, 就可以跳转到包含这一主题的文档上。

超文本是一种用户接口范式, 用以显示文本及与文本相关的内容。超文本中的文字包含有可以链接到其他字段或者文档的超文本链接, 允许从当前阅读位置直接切换到超文本链接所指向的文字。超文本的格式有很多, 最常使用的是超文本标记语言, 我们日常浏览的网页都属于超文本。超文本链接是一种全局性的信息结构, 它将文档中的不同部分通过关键字建立链接, 使信息得以用交互方式搜索。

WWW采用的是客户/服务器结构, 整理和储存各种WWW资源, 并响应客户端软件的请求, 把所需的信息资源通过浏览器传送给用户。

(2) Apache服务器简介

Apache、IIS服务器是流行的WWW服务器软件, 微软的Internet Explorer和Mozilla的Firefox则是WWW服务的客户端实现。

Apache HTTP Server (简称Apache) 是Apache软件基金会的一个开放源码的网页服务器, 可以在大多数计算机操作系统中运行, 由于其多平台和安全性被广泛使用, 是比较流行的Web服务器端软件之一。它快速、可靠并且可通过简单的API扩展, 将Perl/Python等解释器编译到服务器中。

Apache web 服务器软件拥有以下特性：支持最新的 HTTP/1.1 通信协议；拥有简单而强有力的基于文件的配置过程；支持通用网关接口；支持基于 IP 和基于域名的虚拟主机；支持多种方式的 HTTP 认证；集成 Perl 处理模块；集成代理服务器模块；支持实时监视服务器状态和定制服务器日志；支持服务器端包含指令（SSI）；支持安全 Socket 层（SSL）；提供用户会话过程的跟踪；支持 FastCGI；通过第三方模块可以支持 JavaServlets。

12.1.2 Web 服务器软件包安装

在配置 Web 服务器之前，需要在 Linux 系统中查看是否安装了 httpd、httpd-tools 和 httpd-manual 软件包。如果没有，要事先安装好，如图 12-1 所示。

```
[root@localhost ~]#rpm  -qa |grep  httpd
[root@localhost ~]#yum  install  httpd-*  -y
```

```
[root@localhost ~]# rpm -qa| grep   httpd
[root@localhost ~]# yum  install  httpd-*  -y
已加载插件：langpacks, product-id, subscription-manager
This system is not registered to Red Hat Subscription Management. You can use su
bscription-manager to register.
iso                                                    | 4.1 kB     00:00
正在解决依赖关系
--> 正在检查事务
---> 软件包 httpd.x86_64.0.2.4.6-17.el7 将被 安装
--> 正在处理依赖关系 /etc/mime.types，它被软件包 httpd-2.4.6-17.el7.x86_64 需要
--> 正在处理依赖关系 libapr-1.so.0()(64bit)，它被软件包 httpd-2.4.6-17.el7.x86_6
4 需要
--> 正在处理依赖关系 libaprutil-1.so.0()(64bit)，它被软件包 httpd-2.4.6-17.el7.x
86_64 需要
---> 软件包 httpd-devel.x86_64.0.2.4.6-17.el7 将被 安装
--> 正在处理依赖关系 apr-devel，它被软件包 httpd-devel-2.4.6-17.el7.x86_64 需要
--> 正在处理依赖关系 apr-util-devel，它被软件包 httpd-devel-2.4.6-17.el7.x86_64
需要
---> 软件包 httpd-manual.noarch.0.2.4.6-17.el7 将被 安装
```

图 12-1 安装 Web 服务器软件包

12.1.3 /etc/httpd/conf/httpd.conf 文件配置

Apache 服务器的主配置文件是/etc/httpd/conf/httpd.conf 文件，该文件的内容由全局环境、主服务器配置和虚拟主机三个部分构成。在/etc/httpd/conf/httpd.conf 配置文件中，以“#”开头的行是注释行，它为用户配置参数起到解释作用，这样的语句默认不会被系统执行。如下所示：

```
[root@localhost ~]#cat /etc/httpd/conf/httpd.conf
#
# This is the main Apache HTTP server configuration file.  It
contains the
# configuration directives that give the server its instructions.
# See <URL:http://httpd.apache.org/docs/2.4/> for detailed information.
# In particular,see
```

```
# <URL:http://httpd.apache.org/docs/2.4/mod/directives.html>
# for a discussion of each configuration directive.
#
# Do NOT simply read the instructions in here without understanding
# what they do. They're here only as hints or reminders. If you are unsure
# consult the online docs. You have been warned.
#
# Configuration and logfile names: If the filenames you specify
for many
# of the server's control files begin with "/" (or "drive:/" for Win32),the
# server will use that explicit path. If the filenames do * not* begin
# with "/",the value of ServerRoot is prepended -- so 'log/access_log'
# with ServerRoot set to '/www'will be interpreted by the
# server as '/www/log/access_log',where as '/log/access_log'will be
# interpreted as'/log/access_log'.

#
# ServerRoot: The top of the directory tree under which the server's
# configuration,error,and log files are kept.
#
# Do not add a slash at the end of the directory path. If you point
# ServerRoot at a non-local disk,be sure to specify a local disk on the
# Mutex directive, if file - based mutexes are used. If you wish to
share the
# same ServerRoot for multiple httpd daemons,you will need to change at
# least PidFile.
#
ServerRoot "/etc/httpd"

#
# Listen: Allows you to bind Apache to specific IP addresses and/or
# ports,instead of the default. See also the <VirtualHost>
# directive.
#
# Change this to Listen on specific IP addresses as shown below to
# prevent Apache from glomming onto all bound IP addresses.
#
#Listen 12.34.56.78:80
Listen 80
```

```
#
# Dynamic Shared Object (DSO) Support
#
# To be able to use the functionality of a module which was built as a
DSO you
# have to place corresponding ' LoadModule ' lines at this location
so the
# directives contained in it are actually available _before_ they are
used.
# Statically compiled modules (those listed by 'httpd-l') do not need
# to be loaded here.
#
# Example:
# LoadModule foo_module modules/mod_foo. so
#
Include conf. modules. d/* . conf

#
# If you wish httpd to run as a different user or group,you must run
# httpd as root initially and it will switch.
#
# User/Group: The name (or #number) of the user/group to run httpd as.
# It is usually good practice to create a dedicated user and group for
# running httpd,as with most system services.
#
User apache
Group apache

# 'Main'server configuration
#
# The directives in this section set up the values used by the'main'
# server,which responds to any requests that aren't handled by a
# <VirtualHost> definition. These values also provide defaults for
# any <VirtualHost> containers you may define later in the file.
#
# All of these directives may appear inside <VirtualHost> containers,
# in which case these default settings will be overridden for the
# virtual host being defined.
```

```
#

#
# ServerAdmin: Your address,where problems with the server should be
# e-mailed. This address appears on some server-generated pages,such
# as error documents. e. g. admin@your-domain. com
#
ServerAdmin root@localhost

#
# ServerName gives the name and port that the server uses to identify
itself.
# This can often be determined automatically, but we recommend
you specify
# it explicitly to prevent problems during startup.
#
# If your host doesn't have a registered DNS name,enter its IP address
here.
#
#ServerName www. example. com:80

#
# Deny access to the entirety of your server'  s filesystem. You must
# explicitly permit access to web content directories in other
# <Directory> blocks below.
#
<Directory />
    AllowOverride none
    Require all denied
</Directory>

#
# Note that from this point forward you must specifically allow
# particular features to be enabled - so if something's not working as
# you might expect,make sure that you have specifically enabled it
# below.
#

#
```

```
# DocumentRoot: The directory out of which you will serve your
# documents. By default,all requests are taken from this directory,but
# symbolic links and aliases may be used to point to other locations.
#
DocumentRoot "/var/www/html"

#
# Relax access to content within /var/www.
#
<Directory "/var/www">
    AllowOverride None
    # Allow open access:
    Require all granted
</Directory>

# Further relax access to the default document root:
<Directory "/var/www/html">
    #
    # Possible values for the Options directive are "None","All",
    # or any combination of:
     # Indexes Includes Follow SymLinks Sym Linksif Owner Match
ExecCGI Multi Views
    #
    # Note that "MultiViews" must be named * explicitly* --- "Options All"
    # doesn't give it to you.
    #
    # The Options directive is both complicated and important. Please see
    # http://httpd. apache. org/docs/2. 4/mod/core. html#options
    # for more information.
    #
    Options Indexes FollowSymLinks

    #
    # AllowOverride controls what directives may be placed in.htaccess files.
    # It can be "All","None",or any combination of the keywords:
    #   Options FileInfo AuthConfig Limit
    #
    AllowOverride None
```

```
    #
    # Controls who can get stuff from this server.
    #
    Require all granted
</Directory>

#
# DirectoryIndex: sets the file that Apache will serve if a directory
# is requested.
#
<IfModule dir_module>
    DirectoryIndex index.html
</IfModule>

#
# The following lines prevent .htaccess and .htpasswd files from being
# viewed by Web clients.
#
<Files ".ht* ">
    Require all denied
</Files>

#
# ErrorLog: The location of the error log file.
# If you do not specify an ErrorLog directive within a <VirtualHost>
# container,error messages relating to that virtual host will be
# logged here.  If you * do*  define an error logfile for a <VirtualHost>
# container,that host's errors will be logged there and not here.
#
ErrorLog "logs/error_log"

#
# LogLevel: Control the number of messages logged to the error_log.
# Possible values include: debug,info,notice,warn,error,crit,
# alert,emerg.
#
LogLevel warn

<IfModule log_config_module>
```

```
    #
    # The following directives define some format nicknames for use with
    # a CustomLog directive (see below).
    #
    LogFormat "% h % l % u % t \"% r\" % >s % b \"% {Referer}i \" \"%
{User-Agent}i \""combined
    LogFormat "% h % l % u % t \"% r\" % >s % b" common

    <IfModule logio_module>
      # You need to enable mod_logio. c to use % I and % O
      LogFormat "% h % l % u % t \"% r\" % >s % b \"% {Referer}i \" \"%
{User-Agent}i \" % I % O" combinedio
    </IfModule>

    #
    # The location and format of the access logfile (Common Logfile
Format).
    # If you do not define any access logfiles within a <VirtualHost>
    # container,they will be logged here.  Contrariwise,if you * do*
    # define per-<VirtualHost> access logfiles,transactions will be
    # logged therein and * not*  in this file.
    #
    #CustomLog "logs/access_log" common

    #
    # If you prefer a logfile with access,agent,and referer information
    # (Combined Logfile Format) you can use the following directive.
    #
    CustomLog "logs/access_log" combined
  </IfModule>

  <IfModule alias_module>
    #
    # Redirect: Allows you to tell clients about documents that used to
    # exist in your server'  s namespace,but do not anymore. The client
    # will make a new request for the document at its new location.
    # Example:
    # Redirect permanent /foo http://www. example. com/bar
```

```
    #
    # Alias: Maps web paths into filesystem paths and is used to
    # access content that does not live under the DocumentRoot.
    # Example:
    # Alias /webpath /full/filesystem/path
    #
    # If you include a trailing / on /webpath then the server will
    # require it to be present in the URL.  You will also likely
    # need to provide a <Directory> section to allow access to
    # the filesystem path.

    #
    # ScriptAlias: This controls which directories contain server scripts.
    # ScriptAliases are essentially the same as Aliases,except that
    # documents in the target directory are treated as applications and
    # run by the server when requested rather than as documents sent to the
    # client.  The same rules about trailing "/" apply to ScriptAlias
    # directives as to Alias.
    #
    ScriptAlias /cgi-bin/ "/var/www/cgi-bin/"

</IfModule>

#
# "/var/www/cgi-bin" should be changed to whatever your ScriptAliased
# CGI directory exists,if you have that configured.
#
<Directory "/var/www/cgi-bin">
    AllowOverride None
    Options None
    Require all granted
</Directory>

<IfModule mime_module>
    #
    # TypesConfig points to the file containing the list of mappings from
    # filename extension to MIME-type.
    #
    TypesConfig /etc/mime. types
```

```
#
# AddType allows you to add to or override the MIME configuration
# file specified in TypesConfig for specific file types.
#
#AddType application/x-gzip .tgz
#
# AddEncoding allows you to have certain browsers uncompress
# information on the fly. Note: Not all browsers support this.
#
#AddEncoding x-compress .Z
#AddEncoding x-gzip .gz .tgz
#
# If the AddEncoding directives above are commented-out, then you
# probably should define those extensions to indicate media types:
#
AddType application/x-compress .Z
AddType application/x-gzip .gz .tgz

#
# AddHandler allows you to map certain file extensions to "handlers":
# actions unrelated to filetype. These can be either built into the server
# or added with the Action directive (see below)
#
# To use CGI scripts outside of ScriptAliased directories:
# (You will also need to add "ExecCGI" to the "Options" directive.)
#
#AddHandler cgi-script .cgi

# For type maps (negotiated resources):
#AddHandler type-map var

#
# Filters allow you to process content before it is sent to the client.
#
# To parse .shtml files for server-side includes (SSI):
# (You will also need to add "Includes" to the "Options" directive.)
#
AddType text/html .shtml
```

```
    AddOutputFilter INCLUDES .shtml
</IfModule>

#
# Specify a default charset for all content served; this enables
# interpretation of all content as UTF-8 by default.  To use the
# default browser choice (ISO-8859-1),or to allow the META tags
# in HTML content to override this choice,comment out this
# directive:
#
AddDefaultCharset UTF-8

<IfModule mime_magic_module>
    #
    # The mod_mime_magic module allows the server to use various hints
from the
    # contents of the file itself to determine its type.The MIMEMagicFile
    # directive tells the module where the hint definitions are located.
    #
    MIMEMagicFile conf/magic
</IfModule>

#
# Customizable error responses come in three flavors:
# 1) plain text 2) local redirects 3) external redirects
#
# Some examples:
#ErrorDocument 500 "The server made a boo boo."
#ErrorDocument 404 /missing.html
#ErrorDocument 404 "/cgi-bin/missing_handler.pl"
#ErrorDocument 402 http://www.example.com/subscription_info.html
#

#
# EnableMMAP and EnableSendfile: On systems that support it,
# memory-mapping or the sendfile syscall may be used to deliver
# files.  This usually improves server performance,but must
# be turned off when serving from networked-mounted
# filesystems or if support for these functions is otherwise
```

```
# broken on your system.
# Defaults if commented: EnableMMAP On,EnableSendfile Off
#
#EnableMMAP off
EnableSendfile on

# Supplemental configuration
#
# Load config files in the "/etc/httpd/conf.d" directory,if any.
IncludeOptional conf.d/* .conf
```

下面从全局环境设置、主服务器配置设置和虚拟主机设置三个方面讲述配置文件的参数。

（1）全局环境设置

①ServerRoot "/etc/httpd"

设置 Apache 服务器的根目录，也就是服务器主配置文件和日志文件的位置。

②PidFile "/run/httpd/httpd. pid"

设置运行 Apache 时使用的 PID 文件位置，用来记录 httpd 进程执行时的 PID。

③Timeout 60

设置响应超时，如果在指定时间内没有收到或发出任何数据则断开连接，单位为秒。

④KeepAlive Off

设置是否启用保持连接。On 为启用，这样客户一次请求连接能响应多个文件；Off 为不启用，这样客户一次请求连接只能响应一个文件。建议使用 On 来提高访问性能。

⑤MaxKeepAliveRequests 100

设置在启用 KeepAlive On 时，可以限制客户一次请求连接能响应的文件数量，设置为 0 将不限制。

⑥KeepAliveTimeout 5

设置在启用 KeepAlive On 时，可以限制相邻的两个请求连接的时间间隔，在指定时间内则断开连接。

⑦Listen 80

设置服务器的监听端口。

⑧IncludeOptional conf. d/ * . conf

设置将/etc/httpd/conf. d 目录下的所有以 conf 结尾的配置文件包含进来。

⑨ExtendedStatus On

设置服务器是否生成完整的状态信息，On 为生成完整信息，Off 为生成基本信息。

⑩User apache

设置运行 Apache 服务器的用户。

⑪Group apache

设置运行 Apache 服务器的组。

(2) 主服务器配置设置

①ServerAdmin root@ localhost

设置 Apache 服务器管理员的电子邮件地址，如果 Apache 有问题的话，会发送邮件通知管理员。

②ServerName www. example. com：80

设置 Apache 服务器主机名称，如果没有域名，也可以用 IP 地址。

③UseCanonicalName Off

设置该参数为 Off 时，需要指向本身的链接时使用 ServerName：Port 作为主机名；若设置该参数为 On 时，则需要使用 Port 将主机名和端口号隔开。

④DocumentRoot "/var/www/html"

设置 Apache 服务器中存放网页内容的根目录位置。

⑤Options Indexes FolloeSymLinks

设置该参数值为 Indexes 时，在目录中找不到 DirectoryIndex 列表中指定的文件就生成当前目录的文件列表；设置该参数值为 FolloeSymLinks 时，将允许访问符号链接，访问不在本目录内的文件。

⑥DirectoryIndex index. html

设置网站默认文档首页名称。

⑦AccessFileName. htaccess

设置保护目录配置文件的名称。

⑧TypesConfig /etc/mime. types

指定负责处理 MIME 对应格式的配置文件的存储位置。

⑨HostnameLookups Off

设置记录连接 Apache 服务器的客户端的 IP 地址还是否是主机名。Off 为记录 IP 地址，On 为记录主机名。

⑩ErrorLog "logs/error_log"

设置错误日志文件的保存位置。

⑪LogLevel warn

设置要记录的错误信息的等级为 warn。

⑫ServerSignature On

设置服务器是否在自动生成 Web 页中加上服务器的版本和主机名，On 为加上，Off 为不加上。

⑬Options Indexes MultiViews FollowSymLinks

设置使用内容协商功能决定被发送的网页的性质。

⑭ReadmeName README. html

当服务器自动列出目录列表时，在所生成的页面之后显示 README. html 的内容。

⑮HeaderName HEADER. html

当服务器自动列出目录列表时，在所生成的页面之前显示 HEADER. html 的内容。

(3) 虚拟主机设置

①NameVirtualHost *：80

设置基于域名的虚拟主机。

②ServerAdmin webmaster@ dummy-host. example. com

设置虚拟主机管理员的电子邮件地址。

③DocumentRoot /www/docs/dummy-host. example. com

设置虚拟主机的根文档目录。

④ServerName dummy-host. example. com

设置虚拟主机的名称和端口号。

⑤ErrorLog logs/dummy-host. example. com-error_log

设置虚拟主机的错误日志文件。

⑥CustomLog logs/dummy-host. example. com-access_log common

设置虚拟主机的访问日志文件。

12.1.4 Web 服务器配置实例

公司内部搭建一台 Web 服务器，IP 地址为 192. 168. 10. 3，使用 www. example. com 作为域名进行访问，网站根目录为/var/www/html，index. html 内容使用 Welcome to test web。

①编辑/etc/httpd/conf/httpd. conf 文件

```
[root@localhost ~]#vim  /etc/httpd/conf/httpd.conf
ServerName  www.example.com
DocumentRoot  "/var/www/html"
```

②将网页保存到/var/www/html 目录中

```
[root@localhost ~]#echo  Welcome to test web! >/var/www/html/index.html
```

③让防火墙放行 http 服务

首先，单击“应用程序”→“杂项”→“防火墙”菜单，如图 12-2 所示，勾选“http 和 https”，配置选择“永久”。然后单击“选项”→“重载防火墙”。

最后，关闭 SELinux 防火墙。编辑/etc/sysconfig/selinux 文件，修改 SELINUX=disabled。

④启动 httpd 服务

```
[root@localhost ~]#systemctl  start  httpd
```

⑤开机自动启动 httpd 服务

```
[root@localhost ~]#systemctl  enable  httpd
```

12.2 访问 Web 服务器

12.2.1 Linux 客户端配置

Mozilla Firefox 是一款可以在 Linux 和 Windows 系统下都能安装和运行的浏览器。如果客户端使用域名 www. example. com 的方式访问 Web 网站，如图 12-3 所示。在客户端需要修改/etc/resolv. conf 文件，指向 DNS 服务器，如下所示。

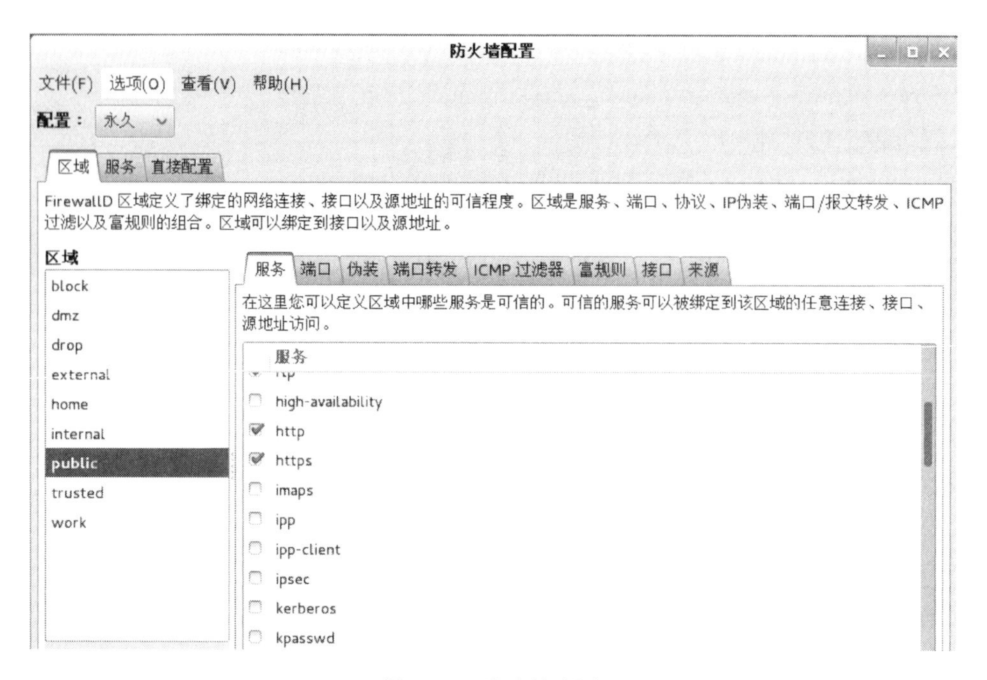

图 12-2　防火墙配置

```
[root@localhost~]#vim  /etc/resolv.conf
nameserver  192.168.10.1
```

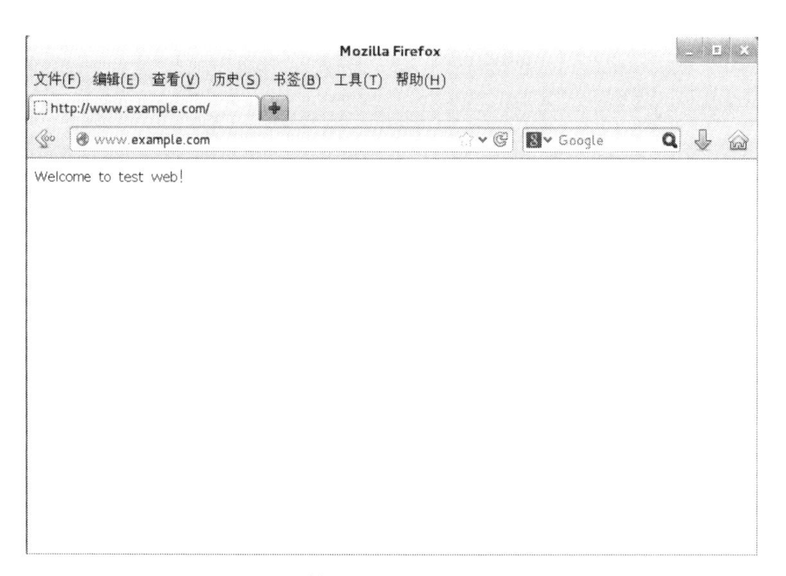

图 12-3　使用 Firefox 访问 Web 网站

12.2.2　Windows 客户端配置

以 Windows 7 系统为例，打开浏览器，输入域名或网址即可访问 Web 服务器，如图 12-4 所示。

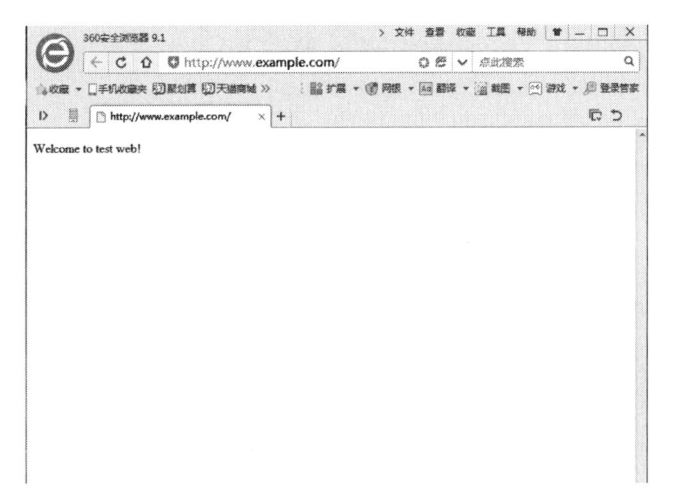

图 12-4　Windows 客户端访问 Web 网站

12.3 虚拟主机配置

Apache 服务器 httpd. conf 配置文件中的第三部分是虚拟主机的配置。在一台服务器上可以创建多个网站，这样可以节约硬件资源、节省空间和降低资源成本。虚拟主机是在一台 Web 服务器上可以为多个独立的 IP 地址、域名或端口号提供不同的 Web 站点。

（1）基于 IP 地址的虚拟主机的配置

Web 服务器具有 192. 168. 10. 4 和 192. 168. 10. 5 两个 IP 地址，利用这两个 IP 地址分别创建 2 个基于 IP 地址的虚拟主机，要求不同的虚拟主机对应的主目录不同，默认文档的内容也不同。

①创建 Web 网站目录和网站首页

```
[root@localhost ~]#mkdir  /var/www/html/ip1  /var/www/html/ip2
[root@localhost ~]#echo  "this is ip1's web">/var/www/html/ip1/index.html
[root@localhost ~]#echo  "this is ip2's web">/var/www/html/ip2/index.html
```

②设置网卡 IP 地址

```
[root@localhost ~]#ifconfig  eno16777736:0  192.168.0.4  netmask 255.255.255.0
[root@localhost ~]#ifconfig  eno16777736:1  192.168.0.5  netmask 255.255.255.0
```

③编辑/etc/httpd/conf/httpd. conf 文件

在文件末尾添加以下内容：

```
<VirtualHost  192.168.10.4:80>
    ServerAdmin  root@example.com
```

```
    DocumentRoot  /var/www/html/ip1
    DirectoryIndex  index.html
    ErrorLog  logs/ip1-error_log
    CustomLog  logs/ip1-access_log  common
</VirtualHost>
<VirtualHost 192.168.10.5:80>
    ServerAdmin  root@example.com
    DocumentRoot  /var/www/html/ip2
    DirectoryIndex  index.html
    ErrorLog  logs/ip2-error_log
    CustomLog  logs/ip2-access_log  common
</VirtualHost>
```

④重新启动 httpd 服务

```
[root@localhost ~]#systemctl  restart  httpd
```

⑤测试访问网站

在 Firefox 浏览器访问 Web 网站 http：//192.168.10.4，如图 12-5 所示。在 Windows 客户端浏览器访问 Web 网站 http：//192.168.10.5，如图 12-6 所示。

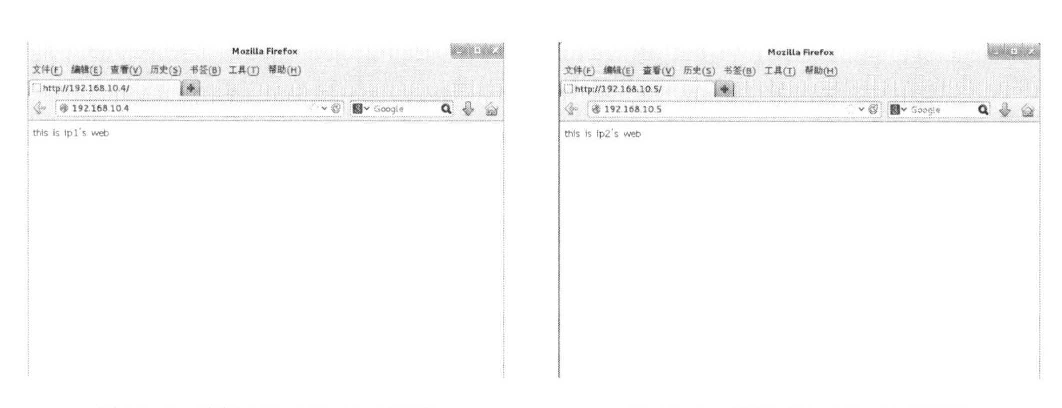

图 12-5　访问 192.168.10.4 网站　　图 12-6　访问 192.168.10.5 网站

（2）基于域名的虚拟主机的配置

Web 服务器的 IP 地址为 192.168.10.3。该 IP 地址对应的域名分别为 www1.example.com 和 www2.example.com。创建 2 个基于域名的虚拟主机，要求不同的虚拟主机对应的主目录不同，默认文档的内容也不同。

①创建 Web 网站目录和网站首页

```
[root@localhost ~]#mkdir  /var/www/html/www1  /var/www/html/www2
[root@localhost ~]#echo  "this is www1's web" >/var/www/html/www1/index.html
[root@localhost ~]#echo  "this is www2's web" >/var/www/html/www2/index.html
```

②编辑/var/named/example. com. zone 文件

```
[root@localhost ~]#vim  /var/named/example.com.zone  添加两条记录
www1  IN   A  192.168.10.3
www2  IN   A  192.168.10.3
```

③重新启动 named 服务

```
[root@localhost ~]#systemctl  restart  named
```

④编辑/etc/httpd/conf/httpd. conf 文件

添加以下参数：

```
NameVirtualHost  192.168.10.3:80
```

在文件末尾添加以下内容：

```
<VirtualHost  192.168.10.3:80>
    ServerAdmin  root@example.com
    DocumentRoot  /var/www/html/www1
    ServerName  www1.example.com
    DirectoryIndex  index.html
    ErrorLog  logs/ip1-error_log
    CustomLog  logs/ip1-access_log  common
</VirtualHost>
<VirtualHost  192.168.10.3:80>
    ServerAdmin  root@example.com
    DocumentRoot  /var/www/html/www2
    ServerName  www2.example.com
    DirectoryIndex  index.html
    ErrorLog  logs/ip2-error_log
    CustomLog  logs/ip2-access_log  common
</VirtualHost>
```

⑤重新启动 httpd 服务

```
[root@localhost ~]#systemctl  restart  httpd
```

⑥测试访问网站

在 Firefox 浏览器访问 Web 网站 http：//www1. example. com，如图 12-7 所示。在 Windows 客户端浏览器访问 Web 网站 http：//www2. example. com，如图 12-8 所示。

（3）基于端口号的虚拟主机的配置

基于端口号的虚拟主机的配置只需服务器有一个 IP 地址即可，所有的虚拟主机共享同一个 IP，各虚拟主机之间通过不同的端口号进行区分。在设置基于端口号的虚拟主机的配置时，需要利用 Listen 语句设置所监听的端口。

Web 服务器的 IP 地址为 192. 168. 10. 3。现创建基于 8080 和 8090 两个不同端口号的虚拟主机，要求不同的虚拟主机对应的主目录不同，默认文档的内容也不同。

①创建 Web 网站目录和网站首页

```
[root@localhost ~]#mkdir  /var/www/html/port8080  /var/www/html/
```

port8090

图 12-7 访问 www1. example. com 网站

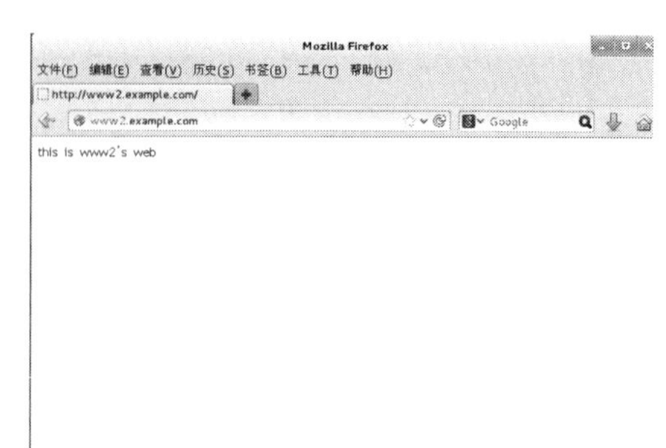

图 12-8 访问 www2. example. com 网站

[root@localhost ~]#echo "this is 8080 port web" >/var/www/html/port8080/index.html

[root@localhost ~]#echo "this is 8090 port web">/var/www/html/pot8090/index.html

②编辑/etc/httpd/conf/httpd. conf 文件

添加以下参数:

```
Listen 192.168.10.3:8080
Listen 192.168.10.3:8090
```

在文件末尾添加以下内容:

```
<VirtualHost 192.168.10.3:8080>
    ServerAdmin root@example.com
    DocumentRoot /var/www/html/port8080
    DirectoryIndex index.html
    ErrorLog logs/ip1-error_log
    CustomLog logs/ip1-access_log common
</VirtualHost>
<VirtualHost 192.168.10.3:8090>
    ServerAdmin root@example.com
    DocumentRoot /var/www/html/port8090
    DirectoryIndex index.html
    ErrorLog logs/ip2-error_log
    CustomLog logs/ip2-access_log common
</VirtualHost>
```

③重新启动 httpd 服务

[root@localhost~]#systemctl restart httpd

④测试访问网站

在 Firefox 浏览器访问 Web 网站 http://192.168.10.3:8080，如图 12-9 所示。在

Windows 客户端浏览器访问 Web 网站 http：//192. 168. 10. 3：8090，如图 12-10 所示。

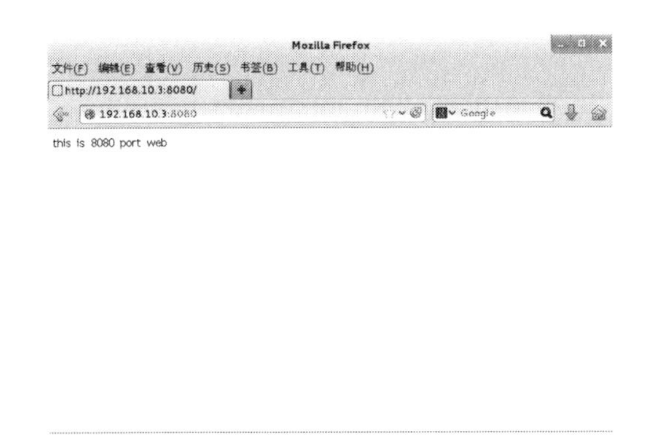

图 12-9　访问 192. 168. 10. 3：8080 网站

图 12-10　访问 192. 168. 10. 3：8090 网站

习题

1. 简述 WWW 服务原理。
2. 简述虚拟主机的概念。
3. 简述虚拟主机设置的参数。
4. 简述配置虚拟主机的三种方法。

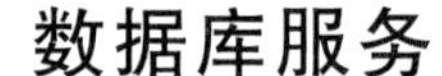

第13章 数据库服务

13.1 MariaDB数据库服务器配置

13.1.1 MariaDB数据库简介

Red Hat Enterprise Linux 6之前的版本一般采用MySQL作为数据库服务器，而Red Hat Enterprise Linux 7默认采用MariaDB作为数据服务器。MariaDB是由MySQL的创始人Michael Widenius主导开发的免费开源的数据库服务。MariaDB数据库管理系统是MySQL的一个分支，主要由开源社区在维护，采用GPL授权许可MariaDB的目的是完全兼容MySQL，包括API和命令行，使之能轻松成为MySQL的代替品。MariaDB采用基于事务的Maria存储引擎，替换了MySQL的MyISAM存储引擎。MariaDB虽然被视为MySQL数据库的替代品，但它在扩展功能、存储引擎以及一些新的功能改进方面都强过MySQL。从MySQL迁移到MariaDB操作非常简单。在大多数情况下，你完全可以卸载MySQL后再安装MariaDB，然后就可以像之前一样正常的运行。

13.1.2 MariaDB数据库服务器软件包安装

配置MariaDB数据库服务器之前，需要事先安装好MariaDB数据库软件，如图13-1所示。

```
[root@localhost ~]#yum  install mariadb  mariadb-server.x86_64  -y
```

```
[root@localhost ~]# yum  install   mariadb  mariadb-server.x86_64 -y
已加载插件：langpacks, product-id, subscription-manager
This system is not registered to Red Hat Subscription Management. You can use su
bscription-manager to register.
iso                                                      | 4.1 kB     00:00
(1/2): iso/group_gz                                        | 134 kB     00:00
(2/2): iso/primary_db                                      | 3.4 MB     00:00
正在解决依赖关系
--> 正在检查事务
---> 软件包 mariadb.x86_64.1.5.5.35-3.el7 将被 安装
---> 软件包 mariadb-server.x86_64.1.5.5.35-3.el7 将被 安装
--> 解决依赖关系完成
```

图13-1 安装MariaDB数据库软件

拷贝数据库配置文件（如果/etc 目录下默认有一个 my.cnf，直接覆盖），命令如下：

```
[root@localhost ~]#cp  /usr/share/mysql/my-huge.cnf    /etc/my.cnf
```

启动 MariaDB 数据库服务，命令如下：

```
[root@localhost ~]#systemctl  start  mariadb.service
```

设置 root 账户密码，命令如下：

```
[root@localhost ~]#mysql_secure_installation
NOTE: RUNNING ALL PARTS OF THIS SCRIPT IS RECOMMENDED FOR ALL MariaDB
      SERVERS IN PRODUCTION USE!   PLEASE READ EACH STEP CAREFULLY!

In order to log into MariaDB to secure it,we'll need the current
password for the root user.  If you've just installed MariaDB,and
you haven't set the root password yet,the password will be blank,
so you should just press enter here.

Enter current password for root (enter for none):   \\为 root 设置密码,
键入 Enter 即可
OK,successfully used password,moving on...

Setting the root password ensures that nobody can log into the MariaDB
root user without the proper authorisation.

Set root password? [Y/n] y                   \\设置 root 密码,键入 y 即可
New password:                                \\输入新密码
Re-enter new password:                       \\再次输入密码确认
Password updated successfully!
Reloading privilege tables..
...Success!

By default,a MariaDB installation has an anonymous user,allowing anyone
to log into MariaDB without having to have a user account created for
them.  This is intended only for testing,and to make the installation
go a bit smoother.  You should remove them before moving into a
production environment.

Remove anonymous users? [Y/n] y        \\是否移除匿名用户,键入 y 即可
...Success!

Normally,root should only be allowed to connect from 'localhost'.  This
ensures that someone cannot guess at the root password from the network.
```

```
Disallow root login remotely? [Y/n] y        \\是否不允许 root 用户远程登录,
                                              键入 y 即可
... Success!

By default,MariaDB comes with a database named 'test'that anyone can
access.
This is also intended only for testing,and should be removed
before moving into a production environment.

Remove test database and access to it? [Y/n] y     \\是否删除 test 数据库
                                                   及访问权限,键入 y 即可
- Dropping test database...
... Success!
- Removing privileges on test database...
... Success!

Reloading the privilege tables will ensure that all changes made so
far will take effect immediately.

Reload privilege tables now? [Y/n] y          \\是否重新加载权限表,键入 y
即可
... Success!

Cleaning up...

All done!  If you've completed all of the above steps,your MariaDB
installation should now be secure.

Thanks for using MariaDB!
```

通过 mysql -u root -p 命令输入密码登录数据库，在命令行下输入 show databases 查看当前数据库，如图 13-2 所示。

13.1.3 MariaDB 数据库管理

(1) 数据库的基本操作

①创建和查看数据库

在 MariaDB 中，创建数据库的 SQL 语法格式如下所示：

create database 数据库名；

例 13-1：创建一个名为 itcast 的数据库。

```
[root@localhost ~]# mysql  -u  root  -p
Enter password:
Welcome to the MariaDB monitor.  Commands end with ; or \g.
Your MariaDB connection id is 10
Server version: 5.5.35-MariaDB MariaDB Server

Copyright (c) 2000, 2013, Oracle, Monty Program Ab and others.

Type 'help;' or '\h' for help. Type '\c' to clear the current input statement.

MariaDB [(none)] > show  databases;
+--------------------+
| Database           |
+--------------------+
| information_schema |
| mysql              |
| performance_schema |
+--------------------+
3 rows in set (0.01 sec)
```

图 13-2　查看数据库

```
MariaDB [(none)]>create  database  itcast;
Query OK,1 row affected (0.00 sec)
```

例 13-2：使用 show 语句查看已经存在的数据库。

```
MariaDB [(none)]> show databases;
+--------------------+
| Database           |
+--------------------+
| information_schema |
| itcast             |
| mysql              |
| performance_schema |
+--------------------+
4 rows in set (0.00 sec)
```

②使用数据库

需要先选择一个数据库使它成为当前数据库，SQL 语法格式如下所示：

use 数据库名;

例 13-3：打开数据库 itcast。

```
MariaDB [(none)]> use itcast;
Database changed
MariaDB [itcast]>
```

③删除数据库

删除一个数据库，则清除了数据库中的所有数据，SQL 语法格式如下所示：

drop　database 数据库名;

例 13-4：删除数据库 itcast。

```
MariaDB [itcast]> drop  database  itcast;
Query OK,0 rows affected (0.06 sec)
```

```
MariaDB [(none)]> use  itcast;
ERROR 1049 (42000): Unknown database 'itcast'
MariaDB [(none)]> show  databases;
+--------------------+
| Database           |
+--------------------+
| information_schema |
| mysql              |
| performance_schema |
+--------------------+
3 rows in set (0.04 sec)
```

(2) 表的基本操作

数据库创建成功后，就需要创建数据表。数据库把多个表组织起来。数据表来存储数据。每个表由行和列组成，每一行为一个记录行，每个记录行包含多个列（字段）。

①创建和查看表

创建表的 SQL 语法格式如下所示：

```
create  table  表名
(
字段名1,字段类型[完整性约束条件],
字段名2,字段类型[完整性约束条件],
…
字段名n,字段类型[完整性约束条件],
);
```

常用的字段类型，如表 13-1 所示。

表 13-1　　常用字段类型

字段类型	说明
INT	表示整数类型，4 个字节
FLOAT	表示单精度浮点数类型，4 个字节
DOUBLE	表示双精度浮点数类型，8 个字节
DATE	表示日期值，不包含时间部分，3 个字节
CHAR（M）	表示字符型，M 个字节，0<=M<=255
VARCHAR（M）	表示字符串类型，L+1 个字节，L<=M 且 0<=M<=65535
TEXT	表示大文本数据，0~65535 字节
BOLB	表示图片、PDF 文档等数据量大的二进制数据，0~65535 字节

表 13-2 所示的常用字段约束，用来进一步对某个字段所允许输入的数据进行约束。表 13-3 所示的表级约束，防止表中插入错误的数据来维护数据库的完整性。

表 13-2 字段约束

约束条件	说明
Null（或 Not Null）	允许字段为空（或不允许字段为空），默认为 Null
Default	指定字段的默认值
Auto_Increment	设置 Int 型字段能够生成递增 1 的整数

表 13-3 表级约束

约束条件	说明
PRIMARY KEY	主键约束，用于唯一标识对应的记录
FOREIGN KEY	外键约束
NOT NULL	非空约束
UNIQUE	唯一性约束
DEFAULT	默认值约束，用于设置字段的默认值

例 13-5：创建一个用于存储学生成绩的表“tb_ grade”，学号 id、姓名 name 字段非空，主键为 id，如表 13-4 所示。

表 13-4 tb_grade 表

字段名称	数据类型
id	INT（11）
name	VARCHAR（20）
grade	FLOAT

```
MariaDB [itcast]> create table tb_grade(
    -> id  int(11)       not null,
    -> name  varchar(20)  not null,
    -> grade  float,
    -> primary key(id));
Query OK,0 rows affected (0.14 sec)
```

例 13-6：使用 describe 语句查看表 tb_grade 的字段信息。

```
MariaDB [itcast]> describe   tb_grade;
+-------+-------------+------+-----+---------+-------+
| Field | Type        | Null | Key | Default | Extra |
+-------+-------------+------+-----+---------+-------+
| id    | int(11)     | NO   | PRI | NULL    |       |
| name  | varchar(20) | NO   |     | NULL    |       |
| grade | float       | YES  |     | NULL    |       |
+-------+-------------+------+-----+---------+-------+
3 rows in set (0.05 sec)
```

②修改表

创建表之后，如果想要添加字段，SQL 语法格式如下所示：

alter table 表名 add 字段 类型 其他；

例 13-7：在 tb_grade 表中添加一个没有约束条件的 INT 字段 age。

```
MariaDB [itcast]> alter table tb_grade add age int(10);
Query OK,0 rows affected (0.13 sec)
Records: 0  Duplicates: 0  Warnings: 0
MariaDB [itcast]> desc tb_grade;
+-------+-------------+------+-----+---------+-------+
| Field | Type        | Null | Key | Default | Extra |
+-------+-------------+------+-----+---------+-------+
| id    | int(11)     | NO   | PRI | NULL    |       |
| name  | varchar(20) | NO   |     | NULL    |       |
| grade | float       | YES  |     | NULL    |       |
| age   | int(10)     | YES  |     | NULL    |       |
+-------+-------------+------+-----+---------+-------+
4 rows in set (0.02 sec)
```

在表中删除字段，SQL 语法格式如下所示：

alter table 表名 drop 字段；

例 13-8：在 tb_grade 表中删除 age 字段。

```
MariaDB [itcast]> alter table tb_grade drop age;
Query OK,0 rows affected (0.12 sec)
Records: 0  Duplicates: 0  Warnings: 0
MariaDB [itcast]> desc tb_grade;
+-------+-------------+------+-----+---------+-------+
| Field | Type        | Null | Key | Default | Extra |
+-------+-------------+------+-----+---------+-------+
| id    | int(11)     | NO   | PRI | NULL    |       |
| name  | varchar(20) | NO   |     | NULL    |       |
| grade | float       | YES  |     | NULL    |       |
+-------+-------------+------+-----+---------+-------+
3 rows in set (0.00 sec)
```

在表中修改一个字段名称及类型，SQL 语法格式如下所示：

alter table 表名 change 原字段名 新字段名 新数据类型；

例 13-9：将 tb_ grade 表中的 name 字段改为 sname，数据类型不变。

```
MariaDB [itcast]> alter table tb_grade change name sname varchar
(20);
Query OK,0 rows affected (0.01 sec)
Records: 0  Duplicates: 0  Warnings: 0
```

```
MariaDB [itcast]> desc  tb_grade;
+-------+-------------+------+-----+---------+-------+
|Field |Type         |Null |Key |Default |Extra |
+-------+-------------+------+-----+---------+-------+
|id    |int(11)      |NO   |PRI |NULL    |       |
|sname |varchar(20) |YES  |     |NULL    |       |
|grade |float        |YES  |     |NULL    |       |
+-------+-------------+------+-----+---------+-------+
3 rows in set (0.01 sec)
```

在表中添加数据，SQL 语法格式如下所示：

insert into 表名 （字段名 1，字段名 2，…） values （值 1，值 2，…）；

例 13-10：在 tb_ grade 表中插入数据。

```
MariaDB [itcast]> insert  into  tb_grade(id,sname,grade)  values(1,
'zhangsan',98.5);
Query OK,1 row affected (0.05 sec)
MariaDB [itcast]> insert into tb_grade(id,sname,grade)  values(2,
'lisi',97);
Query OK,1 row affected (0.00 sec)
```

查询表中的数据,SQL 语法格式如下所示：

select （字段名 1,字段名 2,…） from 表名 where 条件表达式;

例 13-11：查询 tb_ grade 表中所有数据。

```
MariaDB [itcast]> select  *  from  tb_grade;
+----+----------+-------+
|id |sname     |grade |
+----+----------+-------+
|  1 |zhangsan |  98.5 |
|  2 |lisi     |    97 |
+----+----------+-------+
2 rows in set (0.00 sec)
```

删除表中的数据，SQL 语法格式如下所示：

delete from 表名 where 条件表达式；

例 13-12：在 tb_grade 表中，删除 id 字段值为 1 的记录。

```
MariaDB [itcast]> delete  from  tb_grade  where id=1;
Query OK,1 row affected (0.07 sec)
MariaDB [itcast]> select  *  from  tb_grade;
+----+-------+-------+
|id |sname |grade |
+----+-------+-------+
|  2 |lisi  |    97 |
```

```
+----+-------+-------+
1 row in set (0.00 sec)
```

③删除表

删除表是指删除数据库中已存在的表，同时删除表中存储的数据，SQL 语法格式如下所示：

drop　　table　表名;

例 13-13：删除表 tb_grade。

```
MariaDB [itcast]> drop  table  tb_grade;
Query OK,0 rows affected (0.00 sec)
MariaDB [itcast]> desc  tb_grade;
ERROR 1146 (42S02): Table 'itcast.tb_grade'doesn't exist
```

13.2 配置 LAMP 平台

13.2.1 LAMP 简介

LAMP 网站架构是目前国际流行的 Web 框架，该框架包括：Linux 操作系统，Apache 网络服务器，MySQL 或 MariaDB 数据库，Perl、PHP 或者 Python 编程语言。所有组成产品均是开源软件，是国际上成熟的架构框架，很多流行的商业应用都是采取这个架构，和 Java/J2EE 架构相比，LAMP 具有 Web 资源丰富、轻量、快速开发等特点，与微软的 NET 架构相比，LAMP 具有通用、跨平台、高性能、低价格的优势，因此 LAMP 无论是性能、质量还是价格都是企业搭建网站的首选平台。

13.2.2 LAMP 平台搭建

（1）配置 MariaDB 服务

①安装 MariaDB 数据库软件

```
[root@localhost ~]#yum  install  mariadb  mariadb-*   -y
```

②为 root 账户设置密码

```
[root@localhost ~]# mysql_secure_installation
```

③重新启动 MariaDB 数据库服务

```
[root@localhost ~]#systemctl restart mariadb
```

（2）配置 PHP 程序

①安装 PHP 组件，使 PHP 支持 MariaDB

```
[root@localhost ~]#yum install -y php php-mysql php-gd libjpeg* php-ldap php-odbc php-pear php-xml php-xmlrpc php-mhash
```

②修改/etc/php.ini 配置文件

```
[root@localhost ~]#vi  /etc/php.ini
date.timezone=PRC                #修改时区为中国
```

```
expose_php=Off                    #禁止显示 php 版本的信息
short_open_tag=On                 #支持 php 短标签
open_basedir=.:/tmp/              #设置表示允许访问当前目录
```

(3) 配置 Apache 服务

①安装 Apache 服务器软件

```
[root@localhost~]#yum  install  httpd-*  -y
```

②修改/etc/httpd/conf/httpd.conf 配置文件

```
[root@localhost~]#vi  /etc/httpd/conf/httpd.conf
AddHandler cgi-script  .cgi  .pl        #允许扩展名为.pl 的 CGI 脚本运行
Options  FollowSymLinks                 #不在浏览器上显示树状目录结构
AllowOverride  All                      #允许.htaccess
AddDefaultCharset  GB2312               #GB2312 为默认编码
DirectoryIndex  index.php               #设置默认首页文件 index.php
ServerName192.168.10.1                  #设置服务器主机名
DocumentRoot  "/var/www/html"           #设置网站主目录
```

③编辑测试网页

```
[root@localhost~]#vi  /var/www/html/index.php
<? php
phpinfo();
? >
```

④重启 Apache 服务

```
[root@localhost~]#systemctl  restart  httpd
```

⑤测试访问网站

在 Firefox 浏览器访问 Web 网站 http://192.168.10.1，如图 13-3 所示。

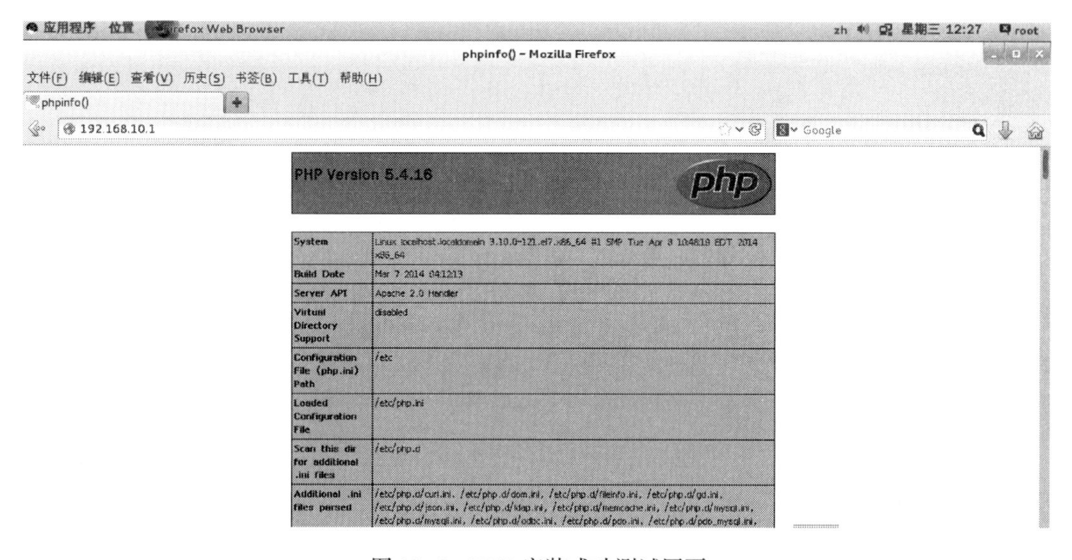

图 13-3　PHP 安装成功测试网页

习题

1. 简述 MariaDB 数据库增删改查命令。
2. 简述 MariaDB 数据库中数据表的增加、删除、修改、查找命令。
3. 简述不同类型数据的表示方式。
4. 简述 LAMP 平台的含义。

第14章 防火墙配置

14.1 防火墙概述

（1）Linux 防火墙原理

随着 Internet 规模的迅速扩大，安全问题越来越重要，构建防火墙是保护系统免受侵害的基本手段。防火墙可以使企业内部局域网与 Internet 之间或者与其他外部网络间互相隔离、限制网络互访，以此来保护内部网络。

Linux 系统的防火墙功能是由内核实现的。netfilter 是 Linux 系统内核防火墙框架，该框架既简洁又灵活，可实现安全策略应用中的许多功能，如数据包过滤、数据包处理、地址伪装、透明代理、动态网络地址转换，以及基于用户及媒体访问控制地址的过滤和基于状态的过滤、包速率限制等。iptables 是与 netfilter 系统内核进行交互的工具，用以修改信息的过滤规则及其他配置。用户可以通过 iptables 来设置适合当前环境的规则，而这些规则会保存在内核空间中。iptables 工具是基础，其他服务使用 iptables 来管理系统的防火墙规则。

Red Hat Enferprise Linux 7 系统提供了两种服务：新增的防火墙守护进程和 iptables 服务，后者也包含在以前的 RHEL 版本中。Red Hat Enferprise Linux 7 使用的是域 netfilter 交互的动态防火墙 firewalld 管理工具。firewalld 提供了支持网络/防火墙区域（Zone），定义网络链接以及接口安全等级的动态防火墙管理。可以使用图形实用工具 firewall-config 或命令行客户端 firewall-cmd 与 firewalld 进行交互。

（2）firewalld 防火墙管理

firewalld 守护进程通过 D-BUS 提供当前激活的防火墙设置信息，也通过 D-BUS 接受使用 PolicyKit 认证方式进行的更改。firewalld 守护进程目前具有以下功能：实现动态管理，对于规则的更改不再需要重新创建整个防火墙；一个简单的系统托盘区图标来显示防火墙状态，方便开启和关闭防火墙；提供 firewall-cmd 命令行界面进行管理及配置工作；提供 firewall-config 图形化配置工具；实现系统全局及用户进程的防火墙规则配置管理；区域 Zone 的支持。

firewalld 使用区域（zone）的概念来管理，通过将网络划分成不同的区域，制定出不同区域之间的访问控制策略来控制不同区域间传送的数据流。由 firewalld 提供的区域按照从不信任到信任的顺序排序：

- drop 丢弃：任何流入网络的包都被丢弃，不做出任何响应。只允许流出的网络连接。
- block 限制：任何进入的网络连接都被拒绝，并返回 IPv4 的 icmp-host-prohibited 报文或者 IPv6 的 icmp6-adm-prohibited 报文。
- public 公开（默认）：用以可以公开的部分。如果网络中其他的计算机不可信并且可能伤害你的计算机，只允许选中的连接接入。
- external 外部：用在路由器等启用伪装的外部网络。如果网络中其他的计算机不可信并且可能伤害你的计算机，只允许选中的连接接入。
- dmz 隔离区：用以允许隔离区（dmz）中的电脑有限地被外界网络访问，只接受被选中的连接。
- work 工作：用在工作网络。你信任网络中的大多数计算机不会影响你的计算机。只接受被选中的连接。
- home 家庭：用在家庭网络。你信任网络中的大多数计算机不会影响你的计算机。只接受被选中的连接。
- internal 内部：用在内部网络。你信任网络中的大多数计算机不会影响你的计算机。只接受被选中的连接。
- trusted 受信任的：允许所有网络连接。

firewalld 的缺省区域是 public。firewalld 中的过滤规则如下所示：

- source：根据源地址过滤。
- interface：根据网卡接口过滤。
- service：根据服务名过滤。
- port：根据端口过滤。
- icmp-block：icmp 报文过滤，按照 icmp 类型配置。
- masquerade：ip 地址伪装。
- forward-port：端口转发。
- rule：自定义规则。

14.2 防火墙基本设置

（1）firewall-cmd 命令行工具

通过 firewall-cmd 可以改变系统或用户策略，可以配置防火墙允许通过的服务、端口、伪装、端口转发、ICMP 过滤器和调整区域等。

firewall-cmd 工具支持两种策略管理方式：运行时和永久设置。处理运行时区域，运行时模式下对区域进行的修改不是永久有效的，是即时生效，重新加载或重启系统后修改将失效。永久设置不直接影响运行时的状态，这些选项仅在重载或重启系统时可用。

防火墙的基本命令如下：

- systemctl start firewalld　　　#启动防火墙
- systemctl status firewalld　　　#查看防火墙状态
- systemctl disable firewalld　　　#停止并禁用开机启动防火墙
- systemctl enable firewalld　　　#设置开机启动防火墙
- systemctl stop firewalld　　　#禁用防火墙

防火墙管理命令：firewall-cmd　[options]。表 14-1 为常用 options 说明。

表 14-1　　firewall-cmd 参数说明

firewall-cmd 命令参数	参数说明
--permanent	处理永久区域选项
--get-default-zone	查询当前默认区域
--set-default-zone=<zone>	设置默认区域，会更改运行时和永久配置
--get-zones	列出所有可用区域
--get-active-zones	列出正在使用的所有区域的信息
--add-source=<CIDR> [--zone=<zone>]	将来自 IP 地址或网络/子网掩码<CIDR>的所有流量路由到指定区域
--remove-source=<CIDR> [--zone=<zone>]	从指定区域中删除用于路由来自 IP 地址或网络/子网掩码<CIDR>的所有流量的规则
--add-interface=<interface> [--zone=<zone>]	将来自<interface>的所有流量路由到指定区域
--change-interface=<interface> [--zone=<zone>]	将接口与<zone>而非其当前区域关联
--list-all [--zone=<zone>]	列出<zone>的所有已配置接口、源、服务和端口
--list-all-zones	检索所有区域的所有信息（接口、源、端口、服务等）
--add-service=<service> [--zone=<zone>]	允许到<service>的流量
--remove-service=<service> [--zone=<zone>]	从区域允许列表中删除<service>
--add-port=<port/protocol> [--zone=<zone>]	允许到<port/protocol>端口的流量
--remove-port=<port/protocol> [--zone=<zone>]	从区域允许列表中删除<port/protocol>端口
--reload	应用永久配置

例 14-1：显示防火墙当前服务。

```
[root@localhost ~]#firewall-cmd  --list-services
```

例 14-2：允许 DNS 服务通过。

```
[root@localhost ~]#firewall-cmd  --add-service=dns
```

例 14-3：允许 HTTP 服务通过 Work 区域。

```
[root@localhost ~]#firewall-cmd  --add-service=http  --zone=work
```

例 14-4：永久允许 FTP 服务。

```
[root@localhost ~]#firewall-cmd  --permanent  --add-service=ftp
```

例 14-5：永久允许 HTTP 服务通过 External 区域。

```
[root@localhost ~]#firewall-cmd  --permanent  --add-service=http
--zone=external
```

例 14-6：重新加载防火墙策略。

```
[root@localhost ~]#firewall-cmd  --reload
```

（2）firewall-config 图形工具

firewall-config 支持防火墙的所有特性，可以改变系统或用户策略。通过 firewall-config 用户可以配置防火墙允许通过的服务、端口、伪装、端口转发、ICMP 过滤器和调整区域等，以使防火墙设置更加自由、安全、强健。firewall-config 设置界面通过单击“应用程序”→“杂项”→“防火墙”打开，如图 14-1 所示。

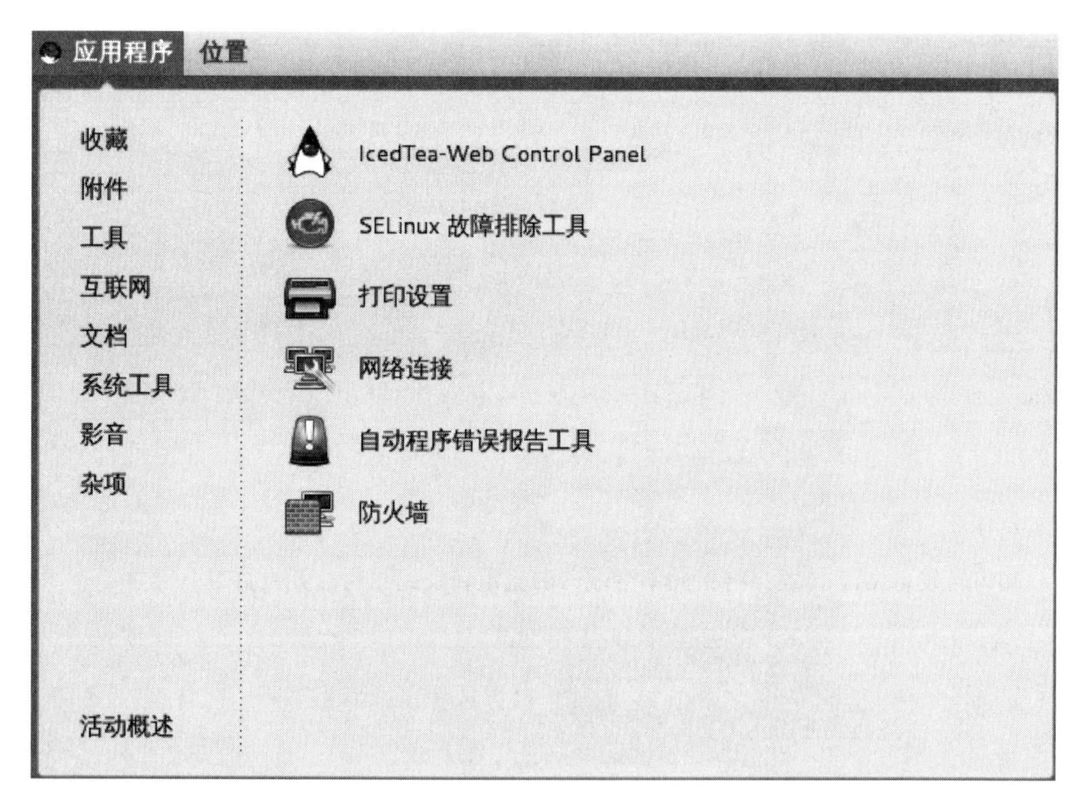

图 14-1　防火墙设置

firewall-config 主菜单包括：文件、选项、查看、帮助。firewall-config 配置选项卡包括：运行时和永久。运行时配置为当前使用的配置规则。运行时配置并非永久有效，在重新加载时可以被恢复，而系统或者服务重启、停止时，配置选项将会丢失。永久配置规则在系统或服务重启的时候使用。永久配置存储在配置文件中，每次系统或服务重启、重新加载时将自动恢复。

firewall-config 区域选项卡是一个主要设置界面，提供了 9 个预定义的区域：block、dmz、drop、external、home、internal、public、trusted、work。提供了 8 个区域子选项卡：服务、端口、伪装、端口转发、ICMP 过滤器、富规则、接口、来源，如图 14-2 所示。

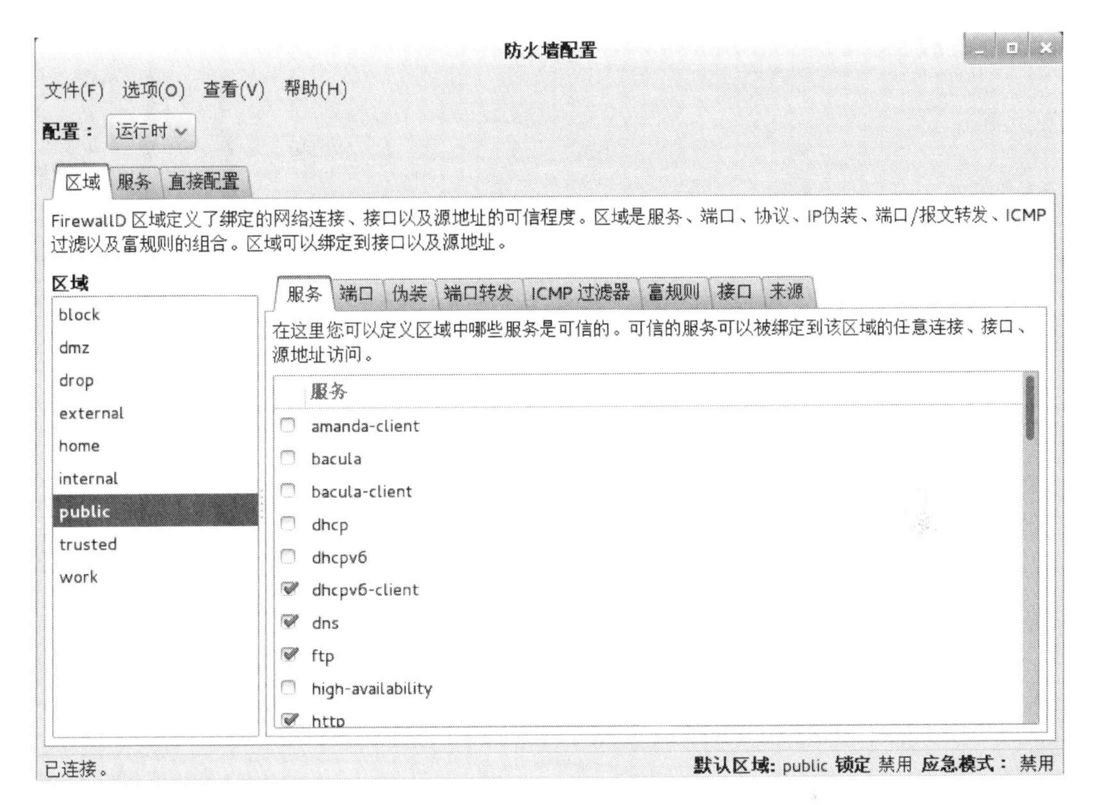

图 14-2　区域选项卡

服务：定义区域中哪些服务是可信的。

端口：定义区域中允许访问的主机或网络访问的附加端口或端口范围。

伪装：NAT 伪装，是否启用 IP 转发，是地址转发的一种，仅支持 IPv4。

端口转发：NAT 转发，将指向单个端口的流量转发到相同计算机上的不同端口，或者转发到不同计算机的端口。

ICMP 过滤器：设置可通过的 ICMP 数据包类型。

富规则：表示 firewalld 的基本语法中未涵盖的自定义防火墙规则，可用于表达基本的允许/拒绝规则，可用于配置记录及端口转发、伪装和速率限制。

接口：增加入口到区域。

来源：绑定来源地址或范围。

firewall-config 服务选项卡包含端口、协议、模块和目的地址的组合。配置只能在永久配置视图中修改服务，不能在运行的配置中修改，如图 14-3 所示。

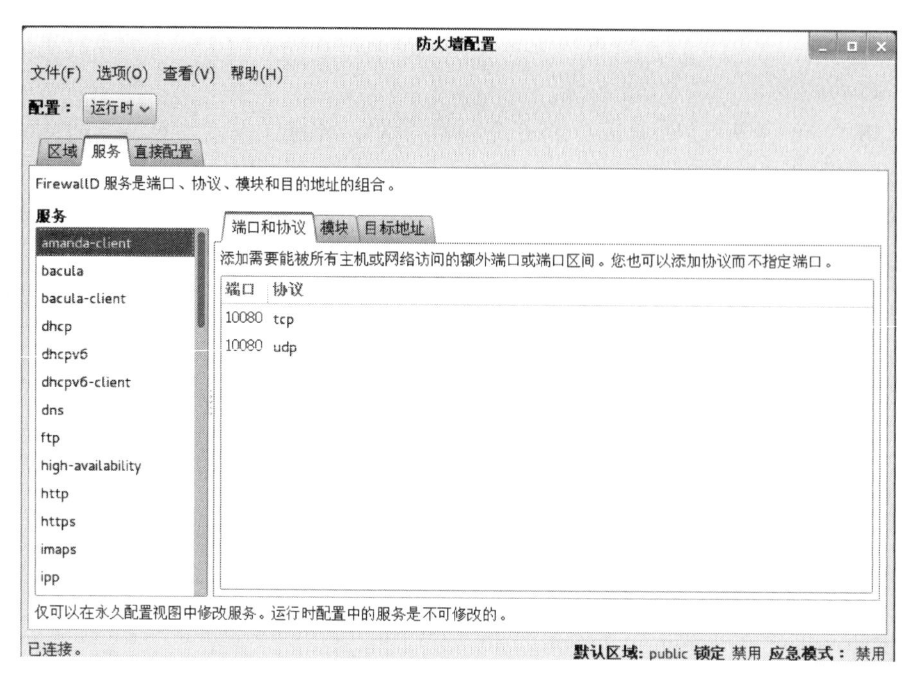

图 14-3 服务选项卡

端口和协议：定义需要被所有主机或网络访问的额外端口或端口空间。

模块：添加网络过滤辅助模块。

目标地址：如果指定了目的地址，服务项目将仅限于目的地址和类型。

firewall-config 直接配置选项卡是用于当其他 firewalld 功能不可用时直接访问防火墙的方式，如图 14-4 所示。

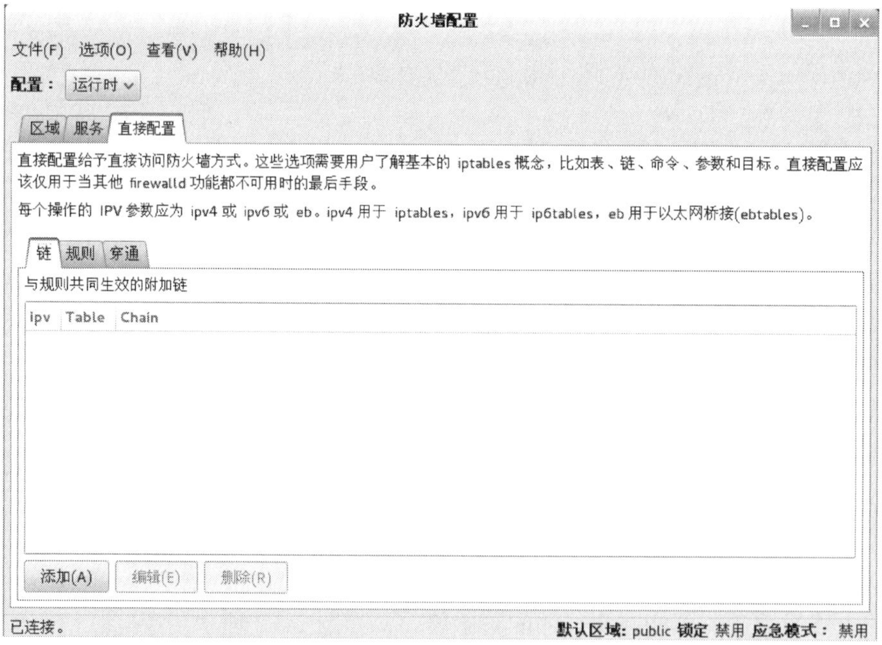

图 14-4 直接配置选项卡

图 14-5 配置在 public 区域永久开启 https 服务。重载防火墙后，配置生效。

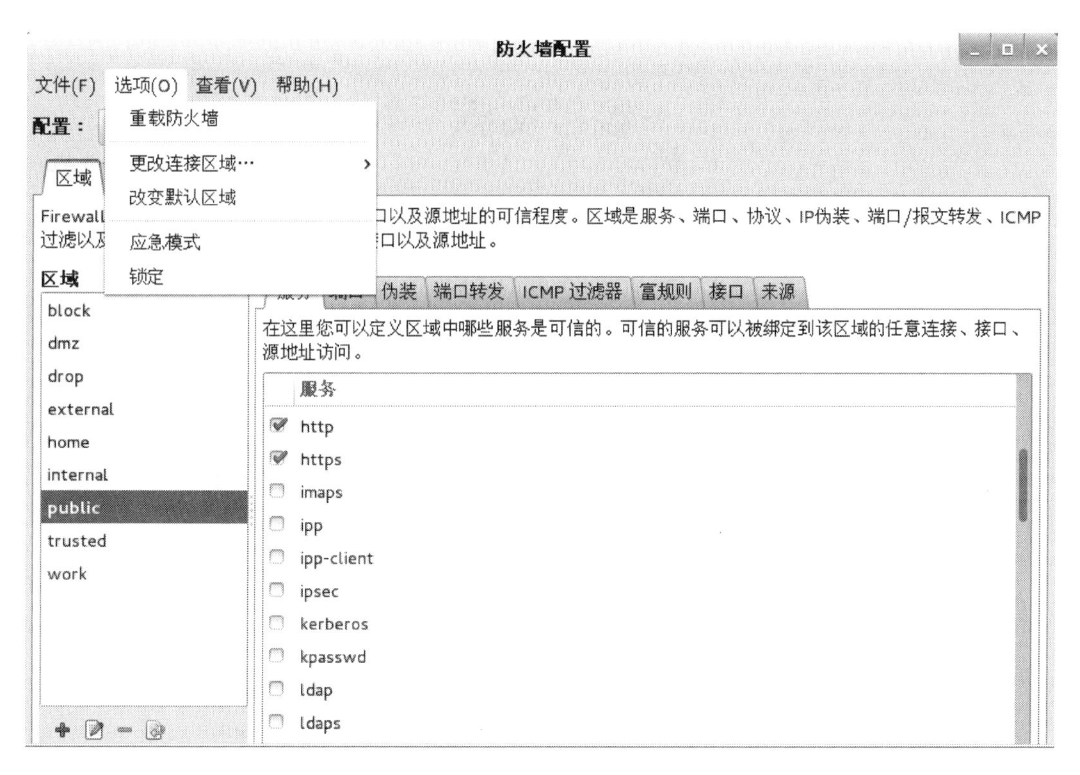

图 14-5　防火墙配置实例

习题

1. 简述 Linux 系统防火墙工作原理。
2. 简述 firewall-cmd 工具的两种策略管理方式。
3. 简述常用的防火墙命令。
4. 简述 firewall-config 工作界面区域的类型。

参考文献

［1］杨云．网络服务器搭建、配置与管理——Linux 版［M］．第2版．北京：人民邮电出版社，2019.

［2］莫裕清．Linux 网络操作系统应用基础教程（RHEL 版）［M］．北京：人民邮电出版社，2017.

［3］高晓飞．网络服务器配置与管理：Linux CentOS7 平台［M］．北京：高等教育出版社，2019.

［4］任利军，等．Linux 系统管理［M］．第2版．北京：人民邮电出版社，2016.